青少年 科普知识 读本

打开知识的大门，进入这多姿多彩的殿堂

U0676120

重点推荐

你不了解的 气象季候

金 帛◎编著

河北出版传媒集团

河北科学技术出版社

图书在版编目(CIP)数据

你不了解的气象季候 / 金帛编著. --石家庄：河北科学技术出版社，2013.4(2021.2重印)

ISBN 978-7-5375-5795-5

Ⅰ.①你… Ⅱ.①金… Ⅲ.①气象学-普及读物 Ⅳ.①P4-49

中国版本图书馆 CIP 数据核字(2013)第 074753 号

你不了解的气象季候

ni bu liaojie de qixiang jihou

金帛　编著

出版发行	河北出版传媒集团	
	河北科学技术出版社	
地　　址	石家庄市友谊北大街 330 号(邮编:050061)	
印　　刷	北京一鑫印务有限责任公司	
经　　销	新华书店	
开　　本	710×1000　1/16	
印　　张	13	
字　　数	160 千字	
版　　次	2013 年 5 月第 1 版	
	2021 年 2 月第 3 次印刷	
定　　价	32.00 元	

前言

Foreword

我们都生活在一定的气候环境中，却未必对自己的气候环境和季候特征有比较清楚的认识和了解。这些气候变化就在我们身边悄无声息地发生着，只是大家对气候有着各自不同的感受，没有得到系统的认识。

有许多你不了解的气象季候发生在你的身边，不去细心发觉，就很难感受到它的存在。比如说，我们对四季的景色做一个纵向变化的比较，也就能真切地感受到节气的变化、气候的力量。因此，只要用心观察，我们总能在气候变化中发现许多有趣的现象，学会很多有用的知识。

我们可以了解到气象学研究的对象有我们所处的大气层，知道大气层中发生的天气现象，了解云、雾、雨、雪、冰雹、雷电、台风、寒潮等都是人们常见的天气现象和这些天气现象发生的规律及如何做好灾害预警工作。

我们所不知道的气象季候包罗万象，时间跨度长，影响范围广，并且与人类的生活、工作等息息相关。气候是长时间内气象要素和天气现象的平均或统计状态，时间尺度为月、季、年、数年到数百年以上。人类很早就开始观察、了解我们的气象季候，并且很早就根据我们所居的气象季候的变化创制了二十四节气等气候历法，在不同的气候条件下形成了不同的文化、习俗等。

不同的气候会对农业产生不同的影响。不同的气象季候会影响农作物的分布，会影响农作物熟制的分布，也会影响农产品产量，所以广大农民都想风调雨顺，不希望出现各种气象灾害影响收成。

不同的气候会对生活习俗产生不同的影响。比如热带地区穿衣简单凉爽，寒带地区穿衣宽大厚实；在居住环境的影响中，各地建筑民居的结构也和当地气候相适应，如傣族的竹楼注重通风散热，而北方居民则注重防寒保暖。其他方面如饮食、风俗、交通等都因气候影响而有很多明显的差异。

气候可以成就人类，也可以打击甚至毁灭人类。一些极端的异常气候现象，会瞬间造成灾难，让人们遭受灭顶之灾。如干旱、洪涝、冻害、冰雹、沙暴等，往往会造成严重的自然灾害，并且给人类社会带来毁灭性的打击。所以，青少年掌握一定的气象季候知识很有必要，可以帮助我们趋利避害，降低这些气象灾害带来的损失，保护我们的人身和财产安全。

Foreword

前言

第一章　气象形态

第二章　匪夷所思的气象

第三章　气候系统

目录

Contents

1

第四章　地球气候峰值

第五章　气象灾害之台风

第六章　气象灾害之洪水

第七章　气象灾害之雷电

第八章　气象灾害之冰雹

目录

Contents

第九章　气象灾害之雪灾

第十章　气象灾害之风暴潮

第十一章　气象灾害之海啸

第一章

气象形态

风雨雷电，这是我们常见的气象季候形态，但是这些气象形态为何是这样子，它们的形态、形成过程又是什么样子呢，它们在自然界是如何进行转化的呢，让我们一探究竟吧。

云

　　人们常常看到天空有时万里无云，有时白云朵朵，有时又是乌云密布。为什么天上有时有云，有时又没有云呢？云究竟是怎样形成的呢？它又是由什么组成的？

　　飘浮在天空中的云彩是由许多细小的水滴或冰晶组成的，有的是由小水滴或小冰晶混合在一起组成的，有时也包含一些较大的雨滴及冰、雪粒。云的底部不接触地面，并有一定厚度。

　　云的形成主要是由水汽凝结造成的。

　　我们都知道，从地面向上十几千米这层大气中，越靠近地面，温度越高，空气也越稠密；越往高空，温度越低，空气也越稀薄。

　　另一方面，江河湖海的水面，以及土壤和动、植物的水分，随时蒸发到空中变成水汽。水汽进入大气后，成云致雨或凝聚为霜露，然后又返回地面，渗入土壤或流入江河湖海。以后又再蒸发（升华），再凝结（凝华）下降。周而复始循环往复。

　　水汽从蒸发表面进入低层大气后，这里的温度高，所容纳的水汽较多，如果这些湿热的空气被抬升，温度就会逐渐降低，到了一定高度，空气中的水汽就会达到饱和。如果空气继续被抬升，就会有多余的水汽析出。如果那里的温度高于 0℃，则多余的水汽就凝结成小水滴；如果温度低于 0℃，则多余的水汽就凝华为小冰晶。在这些小水滴和小冰晶逐渐增多并达到人眼能辨认的程度时，就是云了。

天空有各种不同颜色的云，有的洁白如絮，有的是乌黑一块，有的是灰蒙蒙一片，有的发出红色和紫色的光彩。这不同颜色的云究竟是怎么形成的呢？

我们所见到的各种云的厚薄相差很大，厚的可达七八千米，薄的只有几十米。有满布天空的层状云、孤立的积状云以及波状云等许多种。

很厚的层状云或者积雨云，太阳和月亮的光线很难透射过来，看上去云体就很黑；稍微薄一点的层状云和波状云，看起来是灰色，特别是波状云，云块边缘部分色彩更为灰白；很薄的云，光线容易透过，特别是由冰晶组成的薄云，云丝在阳光下显得特别明亮，带有丝状光泽，天空即使有这种层状云，地面物体在太阳和月亮光下仍会映出影子。

有时云层薄得几乎看不出来，但只要发现在日月附近有一个或几个大光环，仍然可以断定有云，这种云叫做"薄幕卷层云"。孤立的积状云，因云层比较厚，向阳的一面，光线几乎全部反射出来，因而看来是白色的；而背光的一面以及它的底部，光线就不容易透射过来，看起来比较灰黑。

日出和日落时，由于太阳光线是斜射过来的，穿过很厚的大气层，空气的分子、水汽和杂质，使得光线的短波部分大量散射，而红、橙色的长波部分，却散射得不多，因而照射到大气下层时，长波光特别是红光占着绝对的多数，这时不仅日出、日落方向的天空是红色的，就连被它照亮的云层底部和边缘也变成红色了。

由于云的组成有的是水滴，有的是冰晶，有的是两者混杂在一起的，因而日月光线通过时，还会形成各种美丽的光环或彩虹。

雨

　　雨是从云中降落的水滴，陆地和海洋表面的水蒸发变成水蒸气，水蒸气上升到一定高度之后遇冷变成小水滴，这些小水滴组成了云，它们在云里互相碰撞，合并成大水滴，当它大到空气托不住的时候，就从云中落了下来，形成了雨。

　　地球上的水受到太阳光的照射之后，就变成水蒸气被蒸发到空气中去了。水蒸气在高空遇到冷空气便凝聚成小水滴。这些小水滴都很小，直径只有0.000 1～0.000 2毫米，最大也只有0.002毫米。它们又小又轻，被空气中的上升气流托在空中。就是这些小水滴在空中聚成了云。这些小水滴要变成雨滴降到地面，它的体积要增大100多万倍。

　　这些小水滴是怎样使自己的体积增长到100多万倍的呢？它主要依靠两个手段：

其一是凝结和凝华增大。

其二是依靠云滴的碰撞并增大。

在雨滴形成的初期，云滴主要依靠不断吸收云体四周的水汽来使自己凝结和凝华。如果云体内的水汽能源源不断得到供应和补充，使云滴表面经常处于过饱和状态，那么，这种凝结过程将会继续下去，使云滴不断增大，成为雨滴。但有时云内的水汽含量有限，在同一块云里，水汽往往供不应求，这样就不可能使每个云滴都增大为较大的雨滴，有些较小的云滴只好归并到较大的云滴中去。

雨的成因多种多样，它的表现形态也各具特色，有毛毛细雨，有连绵不断的阴雨，还有倾盆而下的阵雨。

雨水是人类生活中最重要的淡水资源，植物也要靠雨露的滋润而茁壮成长。但暴雨造成的洪水也会给人类带来巨大的灾难。

随着人类工业化发展，工业废气大量排放到大气中形成所谓硫酸雨，它是由工业排放在空气中大量含有酸性物的气体所形成，具有腐蚀性。

雾

雾是悬浮在近地面大气中的大量细微水滴（或冰晶）的可视集合体。

雾的出现，导致地面的水平能见度显著降低。按照世界气象组织规定，令能见度降低到 1 千米以下的称为雾，能见度在 1～10 千米的称为轻雾。常见的雾多为乳白色。在城市及工业区，因空气中污染物的影响可导致雾呈土黄色或灰色。冰雾则呈暗灰色。

雾的形成主要是空气中水汽达到（或接近）饱和，在凝结核上凝结而成。雾的形成通常有两种途径：一是因空气温度降低而产生平流雾、辐射雾、上坡雾等；二是因空气中水汽增加而产生蒸发雾、锋面雾、生物雾等。

一般来说，秋冬早晨雾特别多，为什么呢？我们知道，当空气容纳水汽达到最大限度时，就达到了饱和。而气温愈高，空气中所能容纳的水汽也愈多。1 立方米的空气，气温在 4℃ 时，最多能容纳的水汽量是 6.36 克；而气温是 20℃ 时，1 立方米的空气中最多可以含水汽量是 17.30 克。如果空气中所含的水汽多于一定温度条件下的饱和水汽量，多余的水汽就会凝结出来，当足够多的水分子与空气中微小的灰尘颗粒结合在一起，同时水分子本身也会相互黏结，就变成小水滴或冰晶。空气中的水汽超过饱和量，凝结成水滴，这主要是气温降低造成的。

如果地面热量散失，温度下降，空气又相当潮湿，那么当它冷却到一定的程度时，空气中一部分的水汽就会凝结出来，变成很多小水滴，悬浮在近地面的空气层里，这就是雾。它和云都是由于温度下降而造成的，雾实际上也可以说是靠近地面的云。

白天温度比较高，空气中可容纳较多的水汽。但是到了夜间，温度下降了，空气中能容纳水汽的能力减少了，因此，一部分水汽会凝结成为雾。特别在秋冬季节，由于夜长，而且出现无云风小的机会较多，地面散热较夏天更迅速，以致地面温度急剧下降，这样就使得近地面空气中的水汽，容易在后半夜到早晨达到饱和而凝结成小水珠，形成雾。秋冬的清晨气温最低，便是雾最浓的时刻。

按照雾的微结构和温度，可将之分为暖雾、过冷雾和冰雾三种。暖雾由温度高于0℃的水滴组成，过冷雾由温度低于0℃的过冷水滴组成，冰雾由冰晶组成。其中过冷雾常能通过人工催化而被消除。

雾与未来天气的变化有着密切的关系。自古以来，我国劳动人民就懂得这个道理了，并反映在许多民间谚语里。如"黄梅有雾，摇船不问路。"这是说春夏之交的雾是雨的先兆，故民间又有"夏雾雨"的说法。又如"雾大不见人，大胆洗衣裳。"这是说冬雾兆晴，秋雾也如此。

有些人锻炼身体很有毅力，不论什么天气，从不间断。其实，有毅力是好事，但天天坚持也未必正确，比如雾天锻炼就有些得不偿失。雾天，污染物与空气中的水汽相结合，将变得不易扩散与沉降，这使得污染物大部分聚集在人们经常活动的高度。而且，一些有害物质与水汽结合，会变得毒性更大，如二氧化硫变成硫酸或亚硫化物，氯气水解为氯化氢或次氯酸，氟化物水解为氟化氢。因此，雾天空气的污染比平时要严重得多。还有一个原因也需要强调一下，那就是组成雾核的颗粒很容易被人吸入，并容易在人体内滞留，而锻炼身体时吸入空气的量比平时多很多，这更加剧了有害物质对人体的损害程度。总之，雾天锻炼身体，对身体造成的损伤远比锻炼的好处大。因此，雾天不宜锻炼身体。

雪

我们都知道，云是由许多小水滴和小冰晶组成的，雨滴和雪花是由这些小水滴和小冰晶增长变大而成的。那么，雪是怎么形成的呢？

在水云中，云滴都是小水滴。它们主要是靠继续凝结和互相碰撞并合而增大成为雨滴的。

冰云是由微小的冰晶组成的。这些小冰晶在相互碰撞时，冰晶表面会增热而有些融化，并且会互相黏合又重新冻结起来。这样重复多次，冰晶便增大了。

另外，在云内也有水汽，所以冰晶也能靠凝华继续增长。但是，冰云一般都很高，而且也不厚，在那里水汽不多，凝华增长很慢，相互碰撞的机会也不多，所以不能增长到很大而形成降水。即使引起了降水，也往往在下降途中被蒸发掉，很少能落到地面。

最有利于云滴增长的是混合云。混合云是由小冰晶和过冷却水滴共同组成的。当一团空气对于冰晶来说已经达到饱和的时候，对于水滴来说却还没有达到饱和。这时云中的水汽向冰晶表面上凝华，而过冷却水滴却在蒸发，这时就产生了冰晶从过冷却水滴上"吸附"水汽的现象。在这种情况下，冰晶增长得很快。另外，过冷却水是很不稳定的。一碰它，它就要冻结起来。所以，在混合云里，当过冷却水滴和冰晶相碰撞的时候，就会冻结黏附在冰晶表面上，使它迅速增大。当小冰晶增大到能够克服空气的阻力和浮力时，便落到地面上，这就是雪花。

在初春和秋末，靠近地面的空气在0℃以上，但是这层空气不厚，温度也不很高，会使雪花没有来得及完全融化就落到了地面。这叫做降"湿雪"或"雨雪并降"。这种现象在气象学里叫"雨夹雪"。

雪花是一种美丽的结晶体，它在飘落过程中成团连在一起，就形成雪片。单个雪花的大小通常为0.05～4.6毫米。雪花很轻，单个重量只有0.2～0.5克。无论雪花怎样轻小，怎样奇妙万千，它的结晶体都是有规律的六角形，所以古人有"草木之花多五出，而雪花六出"的说法。

"瑞雪兆丰年"是我国广为流传的农谚。在北方，一层厚厚而疏松的积雪，像给小麦盖了一床御寒的棉被。雪中所含的氮素，易被农作物吸收利用。雪水温度低，能冻死地表层越冬的害虫，也给农业生产带来好处。所以又有一句农谚："冬天麦盖三层被，来年枕着馒头睡"。

雪的作用很广，首先是有利于农作物的生长发育。因雪的导热本领很差，土壤表面盖上一层雪被，可以减少土壤热量的外传，阻挡雪面上寒气的侵入，所以，受雪保护的庄稼可安全越冬。积雪还能为农作物储蓄水分。此外，雪还能增强土壤肥力。据测定，每1升雪水里，约含氮化物7.5克。雪水渗入土壤，就等于施了一次氮肥。用雪水喂养家畜家禽、灌溉庄稼都可收到明显的效益。

雪对人有利也有害，在三四月份的仲春季节，如突然因寒潮侵袭而下了大雪，就会造成冻寒。所以农谚说："腊雪是宝，春雪不好。"但雪对人体健康有很多好处。《本草纲目》早有记载，雪水能解毒，治瘟疫。民间有用雪水治疗

火烫伤、冻伤的单方。经常用雪水洗澡，能增强皮肤与身体的抵抗力，减少疾病，促进血液循环，增强体质。如果长期饮用洁净的雪水，可益寿延年，这是那些深山老林中长寿老人的长寿秘诀之一。

雪为什么有如此奇特的功能呢？因为雪水中所含的重水比普通水中重水的数量要少1/4。重水能严重地抑制生物的生命过程。有人做过试验，鱼类在含重水30%~50%的水中很快就会死亡。雨雪形成最基本的条件是大气中要有"凝结核"存在，而大气中的尘埃、煤粒、矿物质等固体杂质则是最理想的凝结核。如果空气中水汽、温度等气象要素达到一定条件时，水汽就会在这些凝结核周围凝结成雪花。所以，雪花能大量清洗空气中的污染物质。故每当一次大雪过后空气就显得格外清新。据测定，一般新雪的密度为每立方厘米0.05~0.10克。所以，地面积雪对音波的反射率极低，能吸收大量音波，为减少噪声做出贡献。

彩 虹

　　夏天雨后，乌云消散，太阳重新露头，在太阳对面的天空中，我们常常可以看到一道半圆形的彩虹。

　　关于彩虹的形成，早在北宋时就有了科学的解释。沈括在他所著的《梦溪笔谈》中说："虹，日中雨影也。日照雨，则有之。"可见，彩虹是由于阳光射到空中的水滴里，发生反射与折射而形成的。

　　我们知道，当太阳光通过棱镜片的时候，前进的方向就会发生偏折，而且把原来的白色光线分解成红、橙、黄、绿、蓝、靛、紫七种颜色的光带。在下雨时或者在雨后，空气中充满着无数个小小的棱镜——水滴。当阳光经过水滴时，不仅改变了前进的方向，同时被分解成红、橙、黄、绿、蓝、靛、紫七种色光，如果角度适宜，就成了我们所见到的彩虹。空气里水滴的大小，决定了彩虹的色彩鲜艳程度和宽窄。空气中的水滴大，彩虹就鲜艳，也比较窄；反之，水滴小（像雾滴那样大时），彩虹的颜色就比较淡，也比较宽。

　　当然，天空中不一定出现一条彩虹，有时会同时出现两条、三条以至五条彩虹，不过这种情况一般比较少见。

　　夏天常常下雷雨或阵雨，这些雨的范围不大，往往是这边天空在下雨，那边天空仍闪耀着强烈的阳光。有时候，雨过以后天空还飘浮着许多小水滴，当太阳光通过这些小水滴时，经过反射和折射作用，天空中的彩虹就出现了。

　　彩虹是大气中的一种光象，它的出现是与当时天气变化相联系的，一般我们从彩虹出现在天空中的位置，可以推测当地将会出现晴天还是雨天。

露　水

　　夏秋的清晨，草叶、树叶上常常有一颗颗亮晶晶的小水珠，这就是露水。我国古代的人们以为露水是从别的星球上落下的宝水，所以许多民间医生和炼丹术士都注意收集露水。用它医治百病及炼就"长生不老丹"。其实，露水并不是从别的星球上降下来的，而是在地面上形成的。

　　露水的成因可以通过吃冷饮得到说明。吃冷饮时，盛放冷饮的容器外面马上会出现一层薄薄的水珠。这是因为容器外面的热空气碰到器壁而冷却，水蒸气达到饱和状态后，部分水汽在容器外面凝结成小水珠。露水的形成与此类似，在晴朗无云、微风吹拂的夜晚，地面的花草、石头等物体散热比空气快，温度也比空气低。当温度较高的空气碰到地面上这些温度较低的物体时，其中的水蒸气便会凝结成小水珠滞留在这些物体上面，形成我们看到的露水。如果夜间有微风，发生水汽凝结后变得较干燥的空气就会被吹走，湿热空气不断补充过来，从而形成较大的露珠。

寒　潮

　　寒潮是指大规模冷空气（在气压场上为冷高压）由亚洲大陆西部或西北部侵袭中国时的强降温天气过程。在天气预报中规定，因北方冷空气入侵造成24小时内降温10℃，并且过程最低气温达5℃以下时定义为寒潮天气过程。有时北方冷空气的入侵虽达不到这个标准，但降温也很显著，则一般称为强冷空气。在寒潮或冷空气前锋经过的地区常不仅有强烈的降温，还时常伴有大风和降水（雨、雪）天气现象。

　　寒潮的形成是由于冬季冷气团在西伯利亚不断堆积加强，当成为强大的冷高压后，在高空低压大槽后部西北气流的引导下，便大举南侵，于是在我国秦岭以北的广大地区形成寒潮或强降温天气过程。入侵我国的寒潮主要有三条路径：一是西路，从西伯利亚西部进入我国新疆，经河西走廊向东南推进；二是中路，从西伯利亚中部和蒙古进入我国后，经河套地区和华中南下；三是从西伯利亚东部或蒙古东部进入我国东北地区，经华北地区南下。寒潮的功是大于过的。

　　寒潮的"过"给人们印象最深，似乎一谈起它就会与灾害性天气联系在一起。可是寒潮对人类的益处，似乎很少有人提起。地理学家的研究分析表明，寒潮有助于地球表面热量交换。随着纬度增高，地球接收太阳辐射能量逐渐减弱，因此地球形成热带、温带和寒带。寒潮携带大量冷空气向热带倾泻，使地面热量进行大规模交换，这非常有助于自然界的生态保持平衡，保持物种的繁茂。

　　气象学家认为，寒潮是风调雨顺的保障。我国受季风影响，冬天气候干旱，为枯水期。但每当寒潮南侵时，常会带来大范围的雨雪天气，缓解了冬天的旱

情，使农作物受益。"瑞雪兆丰年"这句农谚为什么能在民间千古流传？这是因为雪水中的氮化物含量高，是普通水的 5 倍以上，可使土壤中氮素大幅度提高。雪水还能加速土壤有机物质分解，从而增加土中有机肥料。大雪覆盖在越冬农作物上，就像棉被一样起到抗寒保温作用。

有道是"寒冬不寒，来年不丰"，这同样有一定的科学道理。农作物病虫害防治专家认为寒潮带来的低温，是目前最有效的天然"杀虫剂"，可大量杀死潜伏在土中过冬的害虫和病菌，或抑制其滋生，减轻来年的病虫害。据各地农技站调查数据显示，凡大雪封冻之年，农药可节省 60% 以上。

寒潮还可带来风资源。科学家认为，风是一种无污染的宝贵动力资源。举世瞩目的日本宫古岛风能发电站，寒潮期的发电效率是平时的 1.5 倍。

第二章

匪夷所思的气象

天气是个专业的魔术师，稍不留神，一个惊世杰作就会把人类震惊得魂飞魄散。一会儿风雨雷电，一会儿雪花飞舞，无奇不有，无奇不绝，令人叹为观止，拍案叫奇。

神秘莫测的地震云

我国清代康熙二年（1663年）曾出了一本《隆德县志》，书中第一次提到了地震和云彩的关系。作者在这本书中对地震前兆进行了总结，其中有一条就讲了地震云的问题，书中写道："天晴日暖，碧空晴净，忽见黑云如缕，宛如长蛇，横亘无际，久而不散，势必地震。"当然限于当时科学技术水平，人们对该书的记载未能予以注意。

地震云是出现于天空的云彩，为什么有的人能从普通的云彩里发现与地震有关的地震云？什么形状的云彩与地震有关呢？

我国古代除了《隆德县志》以外，清人王士禛在其所著的《池北偶谈·卷下》中"地震"一节里，谈到1668年7月25日山东郯城8.5级地震时，记有："淮北沭阳人，白日见一龙腾起，金鳞灿然，时方晴明，无云无气。"这里说的龙，看来也是《隆德县志》中"黑云如缕，宛如长蛇"的长蛇状带状云，阳光一照，便显得金光灿烂。我国古代的许多县志和史书都有这样的记载。

我国地震研究工作者发现，地震云颜色复杂，多呈复合色，一般有铁灰、橘黄、橙红等。地震云多出现在凌晨或傍晚，分布方向与震中垂直，有的人根据这个规律曾经成功地预报了地震的震中位置。我国地震学者吕大炯汇总了一定范围内的地震云，并制成了地震云分布图，在这张分布图上，他确定了地震云垂线交汇点的地面投影位置，并认定这里是地震可能发生的地带。20 世纪 70 年代我国地震研究的实践证实了吕大炯的推测。吕大炯还认为，这种地震云在时间上既可以和近期地震相对应，也可以和远期地震活动相对应。在空间上，既可以和近距离的地震相对应，也可以和远距离的地震相对应。例如太平洋彼岸的墨西哥 8 级地震和西半球的亚速尔群岛地震，都影响到了北京地区的大气层，有人在几天以前就观察到了云彩的异常变化。

五颜六色的雨

自然常识告诉人们，每次下雨的时候，从天空中降下来的雨水应该是无色无味的。可是在有的地方，下的雨居然会五彩缤纷，这真是咄咄怪事。

1819 年 8 月 13 日，在美国马萨诸塞州的埃姆赫乐斯特有一个发出腐烂气味的物体从天上落下来，上边盖了一层布一样的绒毛。鲁弗斯·格雷夫斯教授把绒毛层除掉后发现下面是"米色的果肉状物质"。在接触空气之后，物质表面的颜色变成了"青灰色，很像静脉血的颜色"。据说这物体在降落时带着耀眼的亮光。

1870 年 2 月 14 日早晨，在意大利热那亚有一个淡黄色的物体从空中落下来。热那亚技术研究所的伯卡朵教授和卡斯特兰尼教授对这个物体进行了分析，发现其中包含 66% 的沙粒（多为硅石，也有些黏土），15% 氧化铁，9% 碳酸钙，7% 的有机物，其他为水分。在有机物中包含孢子微粒、淀粉、硅藻的碎屑（一种含硅的水藻）和一些不能确定的物质。

还有 1955 年 7 月 22 日，爱德华·姆茨先生正在美国俄亥俄州辛辛纳提市大街家中的花园里工作着，突然，一滴温暖的红色水滴落在他的胳膊上。接着又是一滴，过了不大一会儿，他的四周就下起了红色的雨。爱德华·姆茨先生抬头望望天，这时他发现天空的云层中涌出一块奇特云团，这阵红雨就是从那团云彩中落下来的，正好落在花园里的桃树上。这团怪云位于他头顶上的天空，并不是非常大，但颜色非常奇特，呈暗绿、红色和粉色，跟那些降落下来的雨水的颜色非常相似。

好奇的爱德华·姆茨先生凝视着云彩。这个时候，他那刚才被雨滴淋湿的双手逐渐开始有被烧灼的感觉。事后，爱德华·姆茨先生说他感觉就像是松节油涂在了割破的伤口上。于是他赶快跑回屋子，用清水和肥皂仔细清洗双手，再也没有心思去看那红雨了。这些"雨水"就跟鲜血一样，摸上去油乎乎的还有点儿黏。

第二天一早，爱德华·姆茨先生就发现他花园中的桃树和树下的草坪都已死掉，树枝上挂满的桃子也已经干瘪了。看来，这场雨的杀伤力是非常强的。

让人惊讶的动物雨

天上下雨实属正常，然而，假如天上落下的不是雨水，而是无数的小动物，那就不可思议了。

1683 年 10 月，在英国诺尔佛克的小村庄艾克尔，就有大量的癞蛤蟆从天而降，当地的人们简直不敢相信这是真的，大家不得不一齐动手，把它们弄走。

1736 年，在智利东海岸的麦默尔，煤黑色的纤维状物质从天而降，刚刚落满白雪的地上顿时黑糊糊一片，据记载，这些黑色絮片都是潮湿的，气味就像腐烂的海藻。当人们对它们进行深入的研究后发现，这种不明物中含有部分蔬菜一样的物质，主要是绿色丝状海藻，还含有 29 种纤毛虫。

世界各地怪雨现象数量很多，颇难一一列述。对于怪雨，科学家们一直在研究，各种解释纷纷出现。迄今为止，世界各国普遍的解释是：怪雨现象是旋

风造成的，即一股旋风将河流、湖泊和大海中的水席卷而起，带到空中，内有许多水生动物，旋风在空中旋转。不久，由于地球引力的作用，海水或湖水连同水中的动物一齐落到某地，因而形成了怪雨。这种解释听起来虽颇有道理，但是，它却不能从根本上解释怪雨现象。因为，倘若这样解释，那么，就意味着旋风同样也具有一些难以想象的能力，即在空中将水中的动物进行选择，随后分门别类加以区别，然后再分类扔到地面上。

捉摸不定的闪电

"任何一出戏剧，任何一种魔术，就其壮丽的场面和奇特效果而言，都无法同大自然中的闪电媲美。"这是法国著名天文学家弗拉马里在对无数电击现场作了考察后的总结。闪电如何壮丽？如何奇特？请看他的记录中的几处精彩片断。

片断一：法国某小城市，3 名士兵正在树下避雨。闪电忽地一亮，3 人顷刻间死去，但仍直挺挺地站着，好像仍在坚守岗位。雨过天晴，行人过去问路，不见回话，碰了他们一下，"啪"的一声，3 具尸体立刻倒地，化成一堆灰烬。

片断二：一个雷雨天，某人正在自家小屋内举杯饮酒，忽然电闪雷鸣，酒杯"嗖"地一下飞到院子里，人平安无事，杯子秋毫未损。还有一次，某男孩

正扛着一把铁叉行走在回家的路上，闪电猛地一下把他手中的铁叉"夺走"，扔到了50米远的地方。你看，闪电还会"夺"人东西呢！

片断三：在奥地利维也纳市郊，有位医生名叫德莱金格，他有一个精美的钱夹，是用玳瑁制的。上面用不锈钢镶着两个相互交叉的大写"D"字，这是德莱金格姓名的缩写。一次他乘火车回家，真倒霉，不知何时他的钱夹不见了，他很着急。可就在这天晚上，他被叫去抢救一个刚被闪电击中的外国人。本来心里很烦，但他还是恪守医德，去了。最令人吃惊的是，医生在检查他的脚时，发现那人的脚上赫然印着两个交叉的大写"D"字，同他钱夹上的标记完全一样。此人病好后，看到为他治病的医生正是钱包的主人，便惭愧地低下了头，交出了钱夹。

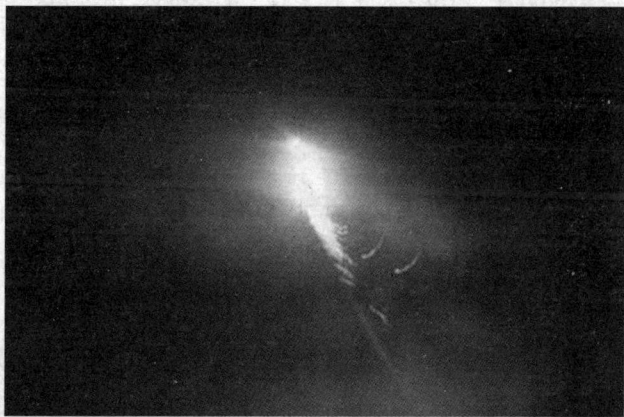

奇异的雪

  白雪对人们来说，并不陌生。每当下雪的时候，大地顿时一片银装素裹，好不壮观！然而世界上总有些怪事，有人竟然发现雪也有各种颜色，并且有些雪的形状还非常奇特。早在 200 多年前，瑞士科学家本尼迪率领一支科学探险队到北极探险时，就曾见过颜色像血一样的红雪。从此以后，有关各种各样颜色雪的报道，就接连不断出现。例如，1960 年 5 月，我国登山运动员在珠穆朗玛峰，也发现鲜艳的红雪。1963 年 1 月 4 日，日本的石川、福斗等地也见过红、黄、褐色混杂的彩雪。苏格兰更是降过墨雪。1986 年 3 月 2 日，前南斯拉夫西部著名旅游胜地——"波波瓦沙普卡"降了黄雪，当地雪景绮丽多姿，但降黄雪还是头一次。

  最具有代表性的"雪碟"现象，于 1915 年 1 月 10 日发生在德国柏林。每

个雪花都十分像真实的碟子，雪花的直径为 8~10 厘米，与碟子大小差不多，其形状也与碟子十分相似，四周朝上翘着。它们从天空中降落时，比周围其他小雪花下落的速度快很多。在地面上的人看来，它们简直就像无数白色的碟子从天而降，落到地上居然没有一个翻转过来，令当地居民十分惊讶。

为什么会出现"雪碟"现象呢？气象科学家对此进行了深入的研究，并提出种种猜测。有人认为，可能是一些较大的雪花在下落过程中，由于速度较快而将周围的小雪花吸附，最后越吸越多，越积越大，形成了"雪碟"降落在地。这一过程很像"滚雪球"，所以很好理解。但为什么变大后的雪花呈奇异的碟状，现在还无人知晓。

大自然的惩罚——酸雨

自然界中有一种污染现象——酸雨，它是由于地面上人为的烟尘污染，在空中遇雨又降落到大地而造成的。

酸雨是怎样形成的呢？据环境学家的长期研究发现，地球上有50%的二氧化硫是火力发电、钢铁冶炼、交通运输所排放的，而且它往往集中在一些城市局部的工矿地区。在人们用煤和石油等石化物作燃料时，排放出的大量的二氧化硫，流入了大气层，结果导致这些地区大气中二氧化硫的浓度增高，为天空中酸性云的形成提供了物质基础。进入大气中的二氧化硫在阳光、水蒸气、飘尘等作用下，发生一系列的化学反应，转变为酸和硫酸盐，并以硫酸雾的气溶胶形式在空气中飘荡或寄存于云雾之中。一旦遇到降雨的天气，酸和硫酸盐被冲洗下降落到地面，便形成了危害万物的酸雨。

所以，酸雨这种污染，可以造成国际性的环境污染，比别的污染具有更大的危害性。酸雨能使成千上万的大小湖泊、河流和地下水酸化，影响水生动植物的生长；落到地面上的酸雨，能改变土壤中的化学成分，造成森林的毁坏和农业的减产。在酸雨的长期作用下，土壤会发生酸化，硫酸盐增加，有效性硒含量降低，使农作物含硒量普遍下降。

第三章

气候系统

在前面的内容中我们详细地介绍了气象形态和相关的趣味知识。相信大家对于气象已经有了一定的了解，在这一章里，我们将重点讲气候的形成、气候带和气候类型的划分等知识。以此系统了解气候的有关知识。

气候系统的形成

赤道地区终年高温多雨，而南北极地区即使在夏季也非常寒冷，这是怎么回事呢？这就涉及气候的问题了。

气候系统的构成具有一定的稳定性。某一处的气候形成与大气、海洋、陆地表面、冰雪覆盖层和生物圈等有直接或间接的关系。这些因子在短时期内的变化微小，使气候也较稳定；对于不同地区而言，由于各地所处的纬度位置不同，所接受的太阳辐射能量的多少不同，受海陆影响的程度和大气环流系统的配置不同，因而，各地的气候就有各自不同的特点。

根据各地气候所具备的不同的特点，科学家通常将气候划分为若干个气候带。与此同时，我们也应该认识到，地球上的气候是多种多样、千万变化、错综复杂的，不可能会有任何两个完全相同的气候存在，也没有任何一个地方的气候每年的状况都是一样的。然而，气候的分布却具有明显的规律性或地带性，特别是在地势比较平坦的海洋或平原，地带性就更为明显。气候的地带性，引起地理环境中的土壤、生物、水体等都具有地带性。

所以，阐述气候的形成就必须分析各个形成因子的作用，并综合考虑诸因子对某地气候的影响。

太阳辐射对气候形成的作用

太阳是大海和陆地表面的主要热能提供源，换句话说，太阳辐射出来的光和热量是大气中一切物理过程的原动力。各地气候差异的基本原因是太阳辐射能量在地球上分布不均匀。各地全年所得太阳辐射因纬度而异，即随着纬度的增高而减少。各地所得太阳辐射量的季节变化也因纬度而不同，即随纬度的增高季节变化加大。由此可看出季节变化都表现在纬度的差异上。

假如把地面和上面的空气柱看做是一个整体，那么收入的辐射（地面和大气吸收的太阳辐射）和支出辐射（返回宇宙间的地面和大气的长波辐射）的差额，就是地—气系统的辐射平衡。辐射差额赤道最大，向高纬度逐渐变小。由赤道到纬度30°地区为正值，在30°以上变为负值。它的绝对值向高纬度增加而到极地为最大。由此可见，热带和副热带热量收入大于支出，而温带和寒带则支出大于收入，因此必然会发生热量由赤道向两极输送的情况。

根据一些相关资料，我们有必要分析一下纬度与太阳辐射的相互作用，也就是在大气上界的太阳辐射情况，即天文辐射。因为大气上界排除了大气对太阳辐射的影响，那么，太阳光热的分布，只受日地距离、日照时数和太阳高度（即太阳入射角）三个因素的影响，尽管这是一种纯理论研究的理想情况，但它与今天地表面的实际辐射情况大体相似。而且，它是实际辐射情况的基础，是今天世界辐射分布和气候状况的基本轮廓。因此，它是具有现实意义的。

由于太阳辐射具有纬向分布特性，所以也就相应地在地球上出现了纬向分布的气候带，如赤道带、热带、副热带、温带、寒带等，这些气候带称为天文

气候带。这是理想的气候带，而实际气候远为复杂，但这已形成全球气候的基本轮廓。

大气环流对气候形成的作用

大气的环流和气候的形成也有一定的相互作用。一般来说，高纬与低纬之间、海洋与陆地之间，因为冷热不均而出现气压差异，因此在气压梯度力和地转偏向力的作用下，形成地球上的大气环流。大气环流引导着不同性质的气团活动、锋、气旋和反气旋的产生和移动，对气候的形成有着重要的意义。常年受低压控制，以上升气流占优势的赤道带，降水充沛，森林茂密；相反，受高压控制，以下沉气流占优势的副热带，则降水稀少，形成沙漠。来自高纬或内陆的气团寒冷干燥，来自低纬或海洋的气团温和湿润。一个地区在一年里受两种性质不同的气团控制，气候便有明显的季节变化。如中国气候冬季寒冷干燥，夏季炎热多雨，则是受极地大陆气团和热带海洋气团冬夏交替控制的结果。总之，从全球来讲，大气环流在高低纬度之间、海陆之间进行着大量的热量和水分输送。在经向方向的热量输送上，大气环流输送的热量约占80%。

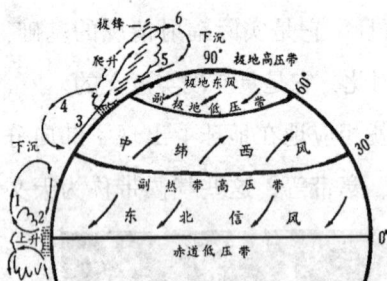

北半球三圈环流

在大气环流和洋流的共同作用下，热带温度降低了 7~13℃，中纬度温度则有所升高，60°N 以上的高纬地区竟升高达20℃。同期而言，大气环流的水分输送也在起着非常重要的作用。大气中水分输送的多少、方向和速度与环流形势密切相关。北半球，水汽的输送以 30°N 附近为中心，向北通过西风气流输送至中、高纬度；向南通过信风气流输送至低纬度。而我们中国的水汽外来输送，主要有两支：一支来自孟加拉湾、印度洋和南海，随西南气流输入中国；另一支来自大西洋和北冰洋，随西北气流输入中国。南方一支输送量大，北方一支输送量小，两者的界线是黄淮之间和秦岭一线，基本上相当于气候上的湿润和半湿润的界线。

作为气候的构成元素之一，降水的形成与天气系统、云、水汽的输入和空气的垂直上升运动有着直接的关系。这一切都和环流形势紧密相连。例如，降水量的多少和进入各种天气系统的水汽量有关，暖湿赤道空气的流入能在几小时或1小时以内产生100毫米的降水；雷暴降水量的多少可和流入积雨云内水汽量的多少成正比。

世界范围内的降水分布很有规律，因为在世界范围内降水有两个高峰和两个低峰，即两个多雨带和两个少雨带，两个多雨带和赤道辐合带、极锋辐合带两个气流辐合带的位置基本相符；两个少雨带和副热带高压带、极地高压带两个气压带的位置一致。

大气环流在气候的形成中起着极其重要的作用。在不同的环流控制下就会有不同的气候，即使同一环流系统，如环流的强度发生改变，则它所控制的地区的气候也将发生改变；如环流出现异常情况，则气候也将出现异常。

大气环流的状况与变化在一定范围内可以通过经向环流和纬向环流的强弱和转换来实现。某地区在较长时间内的大气环流的变化都有一个该时期的平均状况。当某年某一段长时间内的经向环流和纬向环流的持续时间和转换频率，大大超过该时期的平均状况时，则称某年某一段长时间内的大气环流状况为环流异常。如1972年的主要环流特征，北半球有两个稳定而强大的长波槽脊存在，12月至次年3月在欧洲上空和北太平洋上空为阻塞高压，大西洋西部和亚洲为低槽；5~9月，欧洲和北美西部为阻塞高压，北美东部和东亚为大槽。整个一年里，北大西洋、北太平洋、欧洲东部和东北部、亚洲西部大部分地区在强大的大范围阻塞高压控制之下，故对于北半球而言，1972年为环流异常年。

由于环流异常，就必然引起气压场、温度场、湿度场和其他气象要素值出现明显的偏差，从而导致降水和冷暖的异常，出现旱涝和持续严寒等气候异常情况。

世界气象组织在 1972 年度报告中指出："1972 年世界的天气是历史上最异常的年份之一。"这一年，1 月，美国密歇根州的功圣马利降雨、雪量达 1351.3 毫米，超过正常年份十倍以上；2 月，强烈暴风雪袭击了伊朗南部，在阿尔达坎地区，许多村庄被埋在 8 米深的大雪之下；3 ~ 5 月，美国中、北部和欧洲地中海沿岸各国先后遭到强大的风、雨、雪袭击，而在中东和近东地区几乎同时也发生了数次暴风雪并伴有强烈的低温、冻害；5 ~ 6 月，印度酷热，最高气温超过 50℃以上，香港发生了百年难遇的特大暴雨；7 ~ 8 月，北冰洋上漂浮着一眼望不到头的大冰山，比常年同期多出四倍。苏联、欧洲地区连续近两个月出现酷热少雨天气，引起泥炭地层自焚及森林着火，而西欧地区却连续低温，致使英国伦敦出现了 1972 年夏至日最高气温比 1971 年冬至日气温还低的特异现象；秋季，亚欧东部地区普遍低温，使初霜提早；冬季，西北欧的瑞典出现了两百年来少见的暖冬，苏联也出现了异常暖冬，莫斯科郊区的蘑菇竟能在冬季破土而出，彼得格勒下了百年未见的"冬季雷雨"，在西非、印度以及苏联欧洲地区，几乎出现了全年连续干旱的严重旱情。西非，人和牲畜的饮水都成了问题。

大气环流对于气候的形成具有举足轻重的作用。大气环流常常通过环流的纬向分布影响气候的纬度地带性，而且还通过热量和水分的输送，扩大海陆和地形等因子的影响范围，破坏气候的纬度地带性。当环流形势趋向于长期的平均状况时，气候也是正常的；当环流形势在个别年份或个别季节内出现异常时，就会直接影响该时期的天气和气候，使之出现异常。

海陆分布对气候形成的作用

海洋和陆地是地球表面的主要构成部分，根据相关统计数据可以得知，海洋在地球所占的总面积为 71%，陆地则是 29%，所以海陆差异是下垫面最大和最基本的差异。海洋和大陆由于物理性质不同，在同样的辐射之下，它们的增温和冷却有着很大的差异。冬季，大陆气温低于海洋；夏季，大陆气温高于海洋。

一般情况下，1 月份陆上气温比大洋上气温低；7 月份相反。两者的差值，7 月比 1 月大；低层比高层大，陆上年较差大于海洋上年较差。

海陆也会影响气压和风，甚至造成根本性的逆转。气压分布一般随着气温分布而变化。夏季，大陆是热源，海洋为冷源，因此陆上气压低，海上气压高，风从海洋吹向大陆；冬季，海洋是热源，大陆为冷源，海上气压低，陆上气压高，风从陆上吹向海洋。此外，海陆对湿度、云量、雾和降水量都有很大的影响。

海陆对气候影响显著，在地球上形成了差别很大的大陆性气候和海洋性气候。海洋性气候与大陆性气候的差别，在气温方面的表现为：大陆性气候的特点是变化快、变化大，因此大陆性气候的日较差、年较差数值都较大，而海洋性气候则相反。大陆性气候最高温出现在 7 月，最低温出现在 1 月，海洋性气候一般最高温出现在 8 月，最低温出现在 2 月，气温变化落后于大陆。在同一纬度，春夏的气温，陆上较高，海上较低；相反，冬秋的气温，陆上较低，海

上较高。从而大陆性气候具有春温高于秋温的特点，而海洋性气候则有秋温高于春温的特点。在湿度和降水方面，海洋性气候的特征是相对湿度较大，相对湿度年变化小，云量多、降水量多，降水的年变化小，秋冬降水较多。而大陆性气候的特色是，相对湿度较小，相对湿度的年变化大，云量少，晴天多，降水量少，降水的年变化大，夏季降水较多。

洋流对气候形成的作用

在气候的形成因素中，洋流也是不得不考虑的原因之一。洋流的差异主要表现在冷、暖洋流上。洋流的形成存在着诸多原因，主要原因是由于长期定向风的推动。世界各大洋的主要洋流分布与风带有着密切的关系，但洋流流动的方向和风向一致，在北半球向右偏，南半球向左偏。在热带、副热带地区，北半球的洋流基本上是围绕副热带高气压作顺时针方向流动，在南半球作逆时针方向流动。在热带由于信风把表层海水向西吹，形成了赤道洋流。东西方向流动的洋流遇到大陆，便向南北分流，向高纬度流去的洋流为暖流，向低纬度流去的洋流为寒流。

洋流一方面是地球热量运转的结果，另一方面也是地球上热量运转的一个重要动力。据卫星观测资料，在20°N地带，洋流从低纬到高纬传输的热量大概是地—气系统总热量传输的74%，在30°N～35°N洋流传输的热量约占总传输量的47%。洋流调节了南北气温差别，在沿海地带等温线往往与海岸线平行就是这个缘故。

暖流在和周围环境进行交换时，会释放它的热量，降低自身的温度，同时洋流的热量会传递到它所流经区域的上空。我们以墨西哥湾暖流为例，"湾流"每年供给北欧海岸的能量，大约相当于在每厘米长的海岸线上得到600吨煤燃烧的能量。这就使得欧洲的西部和北部的平均温度比其他同纬度地区高出16～20℃，甚至北极圈内的海港冬季也不结冰。苏联的摩尔曼斯克就是北冰洋沿岸的重要海港，那里因受北大西洋暖流的恩泽，港湾终年不冻，成为苏联北洋舰队和渔业、海运基地。再如，对中国东部沿海地区的气候影响重大的"黑潮"，是北太平洋中的一股巨大的、较活跃的暖性洋流。它在流经东海的一段时，夏季表层水温常达30℃左右，比同纬度相邻的海域高出2~6℃，比中国东部同纬度的陆地亦偏高2℃左右。黑潮不但给中国的沿海地区带来了温度，还为中国的夏季风增添了大量的水汽。根据观测资料进行的计算和不同区域的比较都充分说明：气温相对低而且气压高的北太平洋海面吹向中国的夏季风，只有经过"黑潮"的增温加湿作用以后，才给中国东部地区带来了丰沛的夏季降水和热量，才导致了中国东部地区受夏季风影响的地区形成夏季高温多雨的气候特征。

和热流相反，寒流在与周围环境进行热量交换时，得热增温，让洋面和它上空的大气失热减湿。例如，北美洲的拉布拉多海岸，由于受拉布拉多寒流的影响，一年要封冻9个月之久。寒流经过的区域，大气比较稳定，降水稀少。像秘鲁西海岸、澳大利亚西部和撒哈拉沙漠西部，就是由于沿岸有寒流经过，致使那里的气候更加干燥少雨，形成沙漠。

洋流在影响气候的形成过程中常常借助气团活动而产生作用。因为洋流是它上空气团的下垫面，它能使气团下部发生变性，气团运动时便把这些特性带到所经过的地区，使气候发生变化。一般说，有暖洋流经过的沿岸，气候比同纬度各地温暖；有寒流经过的沿岸，气候比同纬度各地寒冷。

正因为有洋流的运动，南来北往，川流不息，对高低纬度间海洋热能的输送与交换，对全球热量平衡都具有重要的作用，从而调节了地球上的气候。

地形对气候形成的作用

陆地上的地貌千奇百状，各不相同，同时高低起伏，万千怪异。地形起伏不仅使它本身的气候显著不同，而且高耸绵亘的山脉，往往是低层空气流动运行的障碍，它可以阻滞北方的冷空气和南来的暖空气，又可使气流的水分大大损耗。

1. 对气温的影响

在山脉两侧，气候可以出现极大差异，高大的山脉往往成为气候的分界线。

大抵与纬线平行的山脉以山南山北气温的悬殊为主。与海岸平行的山脉，以沿海内陆雨量的悬殊为主。就整个气候来讲，无论山脉的走向如何，只要高度足以阻碍盛行气流的运行，就会对两侧的气温、降水及其他气候要素产生影响，成为气候的障壁，而世界气候区的划分也往往以高耸的地形为界。中国著名的南岭，它是由一系列东西走向的山地组成，北来冷气团常常受阻于岭北，以1月平均气温为例，岭南曲江为10.7℃，岭北的坪石为7.5℃，二者相差3℃；前者冬季很少飞雪，后者冬季常有。这样，南岭以南可以发展某些热带作物，具有热带性环境；南岭以北热带作物不能越冬，具有亚热带环境。

2. 对降水的影响

山地降水一般是随着高度增加而增多。特别是一些不太高的山区，山脚下与山顶的降水量有明显的差别。

这主要有三个原因。第一个是山地上气温低，水汽容易达到饱和，凝结为雨。第二个是空气与较高地方的寒冷地面相接触，容易冷却致雨。第三个是暖湿气流遇到山地，被迫沿山坡上升，由于绝热冷却，水汽容易凝结致雨。

山地降水随高度的增加，只发生在一定限度以内，超过了这一限度，空气湿度减少，降水量就随高度增高而减少。这个限度的高度，就称为"最大降水带"。"最大降水带"决定于地理环境、季节和其他条件，它随时随地不同。例如，喜马拉雅山上这一限度在1000~1500米。

冰雪覆盖对气候形成的作用

南极冰原是世界上最大的大陆冰原，体积达286 106立方千米。目前南极大陆上只有1.4%的地区是无冰的，如果覆盖这个高原大陆的冰原全部融化了，那么世界大洋的海平面要抬升65米。冰原上的降水多以固态形式落下，液态很少。

海冰覆盖的面积变化较大，在海冰覆盖面积最小时，其面积和终年不化的陆地冰覆盖面积是大致相同的；而当它的覆盖面积最大时，则约为终年不化的陆地冰的两倍。

全球冰雪覆盖面积在一年中的季节变化非常明显，就北半球而论，以1月份冰雪覆盖面积为最大，2～3月份变动不大，到了4月份大陆冰雪覆盖面积显著退缩，但海冰却向南推进甚远，此后由于太阳辐射增强，冰雪面积逐月减少，到9月初达到全年最低值。南半球相反，9～10月份冰雪覆盖面积达到全年最高值，2月份出现最低值。由于北半球冰雪覆盖面积比南半球大，全球冰雪面积的季节变化也以1月份为最大，8月份为最小，9月份接近全年最小值。

冰雪覆盖是气候系统的组成部分之一，海冰、大陆冰原、高山冰川和季节性积雪等，由于它们的辐射性质和其他热力性质与海洋和无冰雪覆盖的陆地迥然不同，形成一种特殊性质的下垫面，它们不仅影响其所在地的气候，而且还能对另一洲、另一半球的大气环流、气温和降水等产生显著的影响。在气候形成中冰雪覆盖是一个不可忽视的因子。

地球上各种形式水的总量估计为1384 106km³，其中97.4%是海水；0.000 9%是大气中的水汽；0.5%是地下水，大部分处在深处；0.1%在江湖中，另外2%是冻结的。就淡水来讲，其中80%是以冰和雪的形式存在的。

雪被冰盖是大气的冷源，它不仅使冰雪覆盖地区的气温降低，而且通过大气环流的作用，可使远方的气温下降。由于冰雪覆盖面积的季节变化，使全球的平均气温也发生相应的季节变化。

地球气候类型分布

什么是气候带

气候带不是短时间内的气候现象，而是长年的气候规律的总结。根据地球各纬度气候的特点，把地球上的气候分布划分为若干个气候带。所谓气候带，就是环绕着地球的带状分布的气候区域。在这个地带内，由于辐射平衡、温度、蒸发、降水、气压和风等，都表现出一种地带性特征，而且气候的最基本特征是一致的，它们结合起来，明显地反映出气候的地带性。而引起气候地带性的原动力是太阳辐射，太阳辐射在地表是按地理纬度分布的，因此，古代的希腊学者根据纬度把全球的气候带分为五个气候带：热带、北温带、南温带、北寒带、南寒带。它们的界线是以南、北回归线和南、北极圈划分的。这种划分法，使气候带与纬度平行，并呈十分规律的环绕地球的带状分布区域。这就是"天文气候带"。

不过，这种天文气候带也只是理想状态下的气候形成。这种气候带可以作为实际气候带的基础，但是不能概括现阶段的气候带分布情况，和实际的气候带分布还是有一定差距的。但由于海陆交界的地区或在地势高低变化大的地区，气候带表现得就不那么明显，甚至还有偏离或间断的现象。这说明地球上气候带的分布是随着各个地区的条件而有变化的。低纬地区大部分是海洋，下垫面比较均匀，所以气候带在低纬地区表现得最明显。比如热带雨林、热带干湿季气候、热带干旱气候等地带性分布明显。在高纬地区，地面主要为冰雪覆盖或大部分时间为冰雪覆盖，地面性质相对来说也比较均匀，所以在高纬地区，气候带的分布也比较明显。

不过，在中纬地区，因为陆地面积相对增大，并且海陆交错分布，地势也非常复杂，有大的山脉、高原，也有低的盆地、平原，这就造成了中纬度地区地带性分布不很明显，往往发生间断、分裂，甚至偏离和消失。所以，地带性分布在不同纬度，由于条件不同，所表现出的形式也不完全一样。

什么是气候型

世界各地的气候类型千差万别，但是也有很多地区的气候有着相同关系，有的两种气候是相类似的，也许这两种气候所在的地区并没有连接，但是却因为各种不同因素的影响造就了相似的气候特征。比如，地中海式气候，反映了特有条件下形成的特性，即我们所说的副热带夏干气候，但这种气候不仅出现在地中海地区，也出现在与地中海相类似条件的其他地区，所以地中海气候在北半球有，在南半球也有，在欧洲大陆有，在美洲大陆也有。这许多地区的气候本质属性基本相似，我们把这些相似的气候归为一个类型，叫同一气候型。

气候带是连续的，而气候型是不连续的。

为了便于细致划分，有的时候人们将气候再次细致划分，引进了次一级的气候单位——气候型。气候型是更贴合实际情况的气候单位。由于自然地理环境差异引起，在地球上不呈带状分布。在一个气候带内，根据气候的各种特征差异，可以划分出几种气候型，同样的气候型也可以分布在不同的气候带内。例如，海洋性气候就有温带海洋性气候和热带海洋性气候。沙漠气候也分布在热带、副热带和温带。

气候型的分类也很多，并且根据各地气候形成因素的差别形成了不同的气

候型。而大陆性气候和海洋性气候是两种最基本的气候型，其他气候型都可以从这两种型演变而来。例如，海岸气候就是大陆性气候与海洋性气候的过渡型；季风气候则是大陆性气候与海洋性气候的混合型；沙漠气候是大陆性气候的极端情况；草原气候则是大陆性气候到沙漠气候的过渡情况；山地气候虽然成因和特点都比较特殊，但是它的特点也可以从大陆性气候和海洋性气候的类比中得到。大陆性气候和海洋性气候，我们将在下一节中详细介绍。下面我们详细地讲一讲气候带和气候带内的气候型。

1. 低纬度区域的气候型

越是接近赤道，纬度也就越低。低纬度区域的气候特征主要以湿热为主，因为这里要受赤道气团和热带气团所控制，所以降水丰富。全年地—气系统的辐射差额是入超的，因此气温全年皆高，最冷月平均气温在 15～18℃以上。影响气候的主要环流系统有赤道气流辐合带、沃克环流、信风、赤道西风、热带气旋和副热带高压，有的年份会出现厄尔尼诺现象。由于上述环流系统的季节移动，导致降水量的季节变化，在厄尔尼诺现象出现时，引起降水分布的明显异常，全年可能蒸发量在 1300 毫米以上。本带可分为五个气候型：

（1）赤道多雨气候。赤道多雨气候主要分布在赤道及其两侧，大约向南、向北伸展到 5°～10°，各地宽窄不一，主要分布在非洲扎伊尔河流域、南美亚马孙河流域和亚洲与大洋洲间的从苏门答腊岛到伊里安岛一带。典型台站是秘鲁的伊基托斯。这里全年正午太阳高度角都很大，因此长夏无冬，各月平均气温在 25～28℃，年平均气温在 26℃左右。绝对最高气温很少超过 38℃，绝对最低气温也极少在 18℃以下；气温年较差一般小于 3℃，日较差可达 6～12℃，全年多雨，无干季，年水量在 2000 毫米以上，最少月在 60 毫米以上。

赤道多雨气候的空气对流主要以辐合上升气流为主，长年在赤道低气压的控制下，所以多雷阵雨，天气变化单调，降水量的年际变化很大。这与赤道辐合带位置的变动有关，例如新加坡平均年降水量为 2282 毫米，最湿年（4031毫米）相当于最干年（831 毫米）的近 5 倍。由于全年高温多雨，各月平均降水量皆大于可能蒸发量，土壤储水量皆达最大值（300 毫米），适于赤道雨林生长。

（2）**热带海洋性气候**。这一气候型主要分布在南北纬 10°～25° 信风带大陆东岸及热带海洋中的若干岛屿上，如加勒比海沿岸及诸岛、巴西高原东侧沿海、马达加斯加东岸、夏威夷群岛等。典型台站是哈瓦那。这里正当迎风海岸，全年盛行热带海洋气团，气候具有海洋性，最热月平均气温在 28℃ 上下，最冷月平均气温在 18～25℃，气温年较差、日较差皆小，如哈瓦拉年较差仅 5.6℃，年降水量在 1000 毫米以上，一般以 5～10 月较集中，无明显干季，除对流雨、热带气旋雨外，沿海迎风坡还多地形雨。

（3）**热带干湿季气候**。出现在纬度 5°～15°，也有伸达 25° 左右的，主要分布在上述纬度的中美、南美和非洲。

（4）**热带季风气候**。出现在纬度 10° 到回归线附近的亚洲大陆东南部如中国台湾南部、雷州半岛和海南岛；中南半岛；印度半岛大部；菲律宾；澳大利亚北部沿海等地。

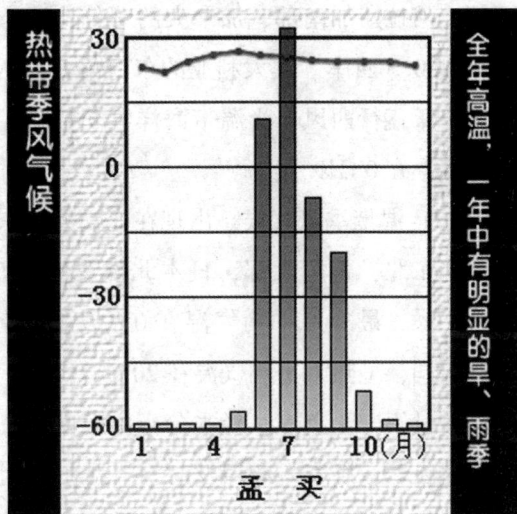

热带季风气候

全年高温，一年中有明显的旱、雨季

孟买

（5）**热带干旱与半干旱气候**。出现在副热带及信风带的大陆中心和大陆西岸。在南、北半球各约以回归线为中心向南北伸展，平均位置在纬度 15°～25°。

2. 中纬度区域的气候型

（1）**副热带干旱与半干旱气候**。该气候型位于热带，在热带干旱气候向高纬度的一侧，在南北纬 25°～35° 的大陆西岸和内陆地区。它也是在副热带高压下沉气流和信风带背岸风的作用下形成的。

（2）**副热带季风气候**。位于副热带亚欧大陆东岸，约以 30°N 为中心，向南北各伸展 5° 左右。它是热带海洋气团与极地大陆气团交错角逐的地带，夏秋间又受热带气旋活动的影响。

（3）**副热带湿润气候**。位于南北美洲、非洲和澳大利亚大陆东岸。由于所

处大陆面积小，未形成季风气候，这里冬夏温差比季风区小，一年中降水分配比季风区均匀。

（4）副热带夏干气候（地中海气候）。该带位于副热带大陆西岸，纬度30°～40°之间的地带，包括地中海沿岸、美国加利福尼亚州沿岸、南非和澳大利亚南端。这里受副热带高压季节移动的影响，在夏季正位于副高中心范围之内或在其东缘，气流是下沉的，因此干燥少雨，日照强烈。冬季副高移向较低纬度，这里受极锋影响，锋面气旋活动频繁，带来大量降水。全年降水量在300～1000毫米。冬季气温比较暖和，最冷月平均气温在4～10℃。

（5）温带海洋性气候。分布在温带大陆西岸，纬度在40°～60°，包括欧洲西部，阿拉斯加南部、加拿大的哥伦比亚、美国华盛顿和俄勒冈两州、南美洲40°S～60°S西岸、澳大利亚的东南角，包括塔斯马尼亚岛和新西兰等地。这些地区终年盛行西风，受温带海洋气团控制，沿岸有暖洋流经过。冬暖夏凉，最冷月气温在0℃以上。

（6）温带季风气候。出现在亚欧大陆东岸纬度35°～55°地带，包括中国的华北和东北，朝鲜大部，日本北部及俄罗斯远东部分地区。冬季盛行偏北风，寒冷干燥，最冷月平均气温在0℃以下，南北气温差别大。夏季盛行东南风，温暖湿润，最热月平均气温在20℃以上，南北温差小。气温年较差比较大，全年降水量集中于夏季，降水分布由南向北，由沿海向内陆减少。天气的非周期性变化显著，冬季寒潮爆发时，气温在24小时内可下降10℃甚至20℃左右。

（7）温带大陆性气候。主要分布在亚欧大陆海洋性气候区东侧和北美大陆100°W以东40°N～60°N的地区。气温、降水和温带季风气候类似，但风向、风力季节变化不明显。冬季不太寒冷，多雨；夏季有对流雨但不十分集中。

（8）温带干旱半干旱气候。主要分布在35°N～50°N的亚洲和北美大陆中心地带，南美阿根廷和大西洋沿岸巴塔哥尼亚。

3. 高纬度区域的气候型

高纬度气候带分布在极圈附近，盛行极地气团和冰洋气团。低温无夏是该气候带的最显著特征。降水虽少，但蒸发较弱，冻土发育。高纬度气候带可以分为三种气候型：

（1）副极地大陆性气候。主要出现于北半球高纬度地区，50°N～65°N 呈连续带状分布。作为极地大陆气团的源地，终年受极地海洋气团和极地大陆气团控制。冬季漫长而严寒，至少有 9 个月；暖季短促。年降水量较少，并集中于夏季。

（2）极地冰原气候。出现于格陵兰、南极大陆冰冻高原和北冰洋中靠近北极的岛屿上。

（3）极地长寒气候（苔原气候）。主要分布在亚欧大陆和北美大陆北部边缘，格陵兰沿海地带和北冰洋中的若干岛屿上。那里全年皆冬，一年中只有 1～4 个月平均气温在 0～10℃。降水量一般在 200～300 毫米。蒸发微弱。植被为苔藓、地衣和小灌木等，构成苔原景观。

我国的气候类型

中国地域广博，并且地形类型多样，南北纬度跨度大，因此我国的气候类型复杂而多变。中国位于世界最大的大陆——欧亚大陆的东南部，濒临世界最大的海洋——太平洋。由于海陆之间热力差异而造成的季风气候特别显著。中国幅员十分辽阔，南北跨50多个纬度，东西越60多个经度，从赤道带到寒温带，从热带雨林到沙漠景观都有。加之中国地形复杂，高低悬殊：青藏高原号称世界屋脊，吐鲁番盆地又深陷海平面以下。因此，中国的气候类型多种多样，气候资源优越丰富。下面，我们就详细地介绍一下中国气候的特点。

季风气候特征明显

中国的海陆位置比较特殊，因为我国陆地疆域的东面就是世界上最大的海洋——太平洋，而中国自身背靠世界上最大的大陆，在大陆和海洋热容量的巨大差异影响下，中国尤其是中国东部地区季风气候明显。夏季大陆热于海洋，冬季则又冷于海洋。海陆的冷热变化影响了它上空的大气温度和压力的变化。气温越低，空气密度越大，气压就越高。所以，冬季亚洲内陆形成一个冷性的高气压，东方和南方海洋上形成热性低气压；夏季的情况正好相反，大陆上形成热性低气压，而海洋上形成冷性高气压。好比水会从高处流向低处一样，高气压区的空气不断地流向低气压区，这就是中国冬季盛行偏北风，夏季盛行偏南风的主要原因。这种一年中风向发生规律性的季节更替现象，就称为季风。中国是世界上季风最为显著的国家之一。

中国的夏、冬季风各有特点。其中，冬季风主要来自于中高纬度的亚洲内陆腹地，这里的太阳斜射，黑夜漫长，热量收入少而支出多，并且气温寒冷干燥。这种冷空气积累到一定程度，在有利的高空大气环流形势引导下就会向南爆发，北风呼啸南下，所到之处气温急剧下降，这就是寒潮。每年冬季中国总有好几次大幅度降温的强寒潮出现，较弱的寒潮就更多了。在这种频频南下的寒潮影响下，中国大部分地区冬季普遍寒冷而干燥，成为世界同纬度上最冷的国家。例如，中国黑龙江省呼玛县与英国首都伦敦纬度相近，伦敦1月份平均气温为4℃左右，冬草长青，绿水长流，平均气温与中国上海、杭州地区相仿，而呼玛县1月份却冷到零下29℃左右，遍地琼装玉琢，积雪深厚，宛若极地风光。

夏季风根据海洋的性质不同分为东南季风和西南季风两种。这两种季风来自于不同的海洋，东南季风来自太平洋，主要影响中国东部地区，西南季风来自印度洋和南海，主要影响西南和华南地区，但有时西南气流也可长驱北上到达华中和华北地区，引起那里的暴雨。

夏季风经过广阔的洋面，并且从这里带走了大量的水汽来到中国大陆，并且为中国带来了充沛的雨水，因此中国绝大部分地区的雨水集中在5—9月的夏半年里。例如，如果以30个省会的平均数值代表全国的话，那么夏季6—8月3

个月的雨量占了年雨量的一半以上（53%），5—9月5个月的雨量占了年雨量的3/4；而冬季（12月至次年2月）3个月的雨量还不到年雨量的9%，10月至次年4月7个月的雨量也只占年雨量的1/4。一般年份里，东南季风的前沿雨带（东南季风与大陆上北方冷空气之间的锋面雨带）于5月中旬在华南出现，6月中旬向北跃进，到长江中下游地区，开始这里的梅雨季节。7月中旬，雨带第二次跳跃，迅速推进到淮河以北，使中国广大北方地区进入雨季盛期。

在8月下旬，雨带逐渐向南方迁徙，并快速退出中国大陆，这样我国的东部地区的雨季也就慢慢地结束。中国各地雨季的早晚和正常与否，大都直接与上述季风的进退有关，一旦季风规律反常，就会出现较大范围的旱涝灾害。例如，1959年夏季，因为东南季风暖湿空气势力较强，它的前沿大雨带反常地迅速北上，使通常在初夏季节梅雨较多的长江中下游流域发生了干旱，持续达2个月之久，1978年也是类似情况。而1954年夏季正好相反，东南季风被北方冷空气所阻，一直到7月下旬，大雨带还停滞在江淮流域，因而长江中下游流域出现了百年未见的大水。

复杂多样的气候类型

气候的多样性体现在我国非常明显。因为我国南北纬度跨度非常大，中国最北的黑龙江省漠河镇，位于53°N以北，属寒温带气候；而最南端的南海南沙群岛最南部距赤道还不到4个纬度，属赤道气候，南北地域的差别让南北气候相差更为悬殊。冬季，中国广大北方地区，千里冰封，万里雪飘，一派壮丽的北国风光。1月平均气温黑龙江最北部冷到零下30℃左右，而两广、海南和福建省中南部地区平均气温却在10℃

以上，树木花草终年长青，平原山区一片郁郁葱葱。海南岛、雷州半岛、台湾中南部和云南最南部地区更高达 15~20℃ 以上，槟榔、椰树高插蓝天，随风摇曳，一片热带景象。南海诸岛最冷月气温多在 22~26℃，更是中国终年皆夏的地方。

在夏季的时候全国气温差别不大，因为这个时候全国各地光照时间都很长，并且有的地方接受太阳直射的时间要高于其他季节，北方太阳高度虽比南方稍低，但日照时间却比南方为长，所以南北气温差变小，全国气温普遍较高。南方广大地区 7 月平均气温在 28℃ 左右，而黑龙江大部分地区温度也可达 20℃ 以上。因此，松花江畔、珠江两岸，一样都有游泳季节。

在东西跨越的差别上，我国东西两地跨越了 60 个经度，遥遥千里的差距使得西北内陆难以接受大海温湿水汽的滋润。并且加上重重山脉阻隔，因此，自太平洋上吹来的湿润东南季风无法抵达西北内陆地区，从南部印度洋上吹来的西南季风又受阻于喜马拉雅山脉和青藏高原，使这里成为中国雨量最少的地区。塔里木、柴达木和吐鲁番盆地等，年雨量都在 20 毫米以下，沙漠中间甚至终年无雨。农业主要依靠高山冰雪融水和挖坎儿井引地下水灌溉。块块绿洲像串串珍珠般分布在盆地的边缘地区，成为沙漠干旱地区中最为富饶和人口最为密集的地方。

中国的年雨量从西北地区向东、向南逐渐增加，人们根据各地降水量的年雨量进行了划分。起自东北大兴安岭止于西藏西南边境的 400 毫米等年雨量线，将中国分成西北和东南两半。东北长白山区年雨量可以多到 800～1000 毫米，是中国北方雨量最多的地方，汉水、淮河以南大都在 1000 毫米以上，东南沿海、台湾、海南岛的许多地方雨量还超过了 2000 毫米。中印边境东段有些地区年雨量在 4000 毫米左右，是中国大陆上雨量最多的地方。台湾的火烧寮平均年雨量达到 6600 毫米，是中国平均年雨量的冠军。

并且地形和海拔高度对于气候也有非常显著的影响。这就造成了一种特殊的现象——山地垂直气候变化。一般说来，海拔每升高 1000 米，平均气温就要下降 6℃ 左右（夏季大些，冬季小些）。中国青藏高原大部分地区海拔四五千米以上，这里的气温就是盛夏 7 月，很多地区平均也不到 10℃，经夏霜雪不绝，寒气袭人，而同纬度的东部长江中下游平原地区却正是夏日炎炎、流汗难眠的伏旱天气，平均气温高达 29℃ 左右，对比十分鲜明。云南高原海拔比青藏高原低，在 1000～3000 米，纬度也比青藏高原偏南，且东有乌蒙山等高大山脉阻滞东亚冷空气入侵，因而这里冬无严寒，夏无酷暑，气候比较温和。特别是海拔约 1500 米的云南中南部许多地区，更是冬暖夏凉，四季如春，昆明并有"春城"之誉。

再进一步高度概述中国的冷热和雨旱的气候类型的话，可以从温度方面来说，青藏高原 4500 米以上地区四季气温寒冷，四季常冬（按中国习惯，以 5 天平均气温小于或等于 10℃ 为冬，大于或等于 22℃ 为夏，10～22℃ 为春秋季），南海诸岛终年皆夏；东北大小兴安岭地区长冬无夏，春秋相连，岭南两广则是长夏无冬，秋去春来；云南中南部地区四季如春，而其余广大地区则冬冷夏热，四季分明。

在降水方面，在海陆位置和地形的影响下，西北地区多为干旱少雨，长年阳光普照大地，但是南方的许多地区则是"天无三日晴"的阴雨连绵天气，东南沿海地区为春雨伏旱，东北、华北和西南大面积地区则是春旱夏（秋）雨；台湾北端又是中国唯一冬季最多雨的地方。中国气候类型之丰富多彩，于此可见一斑。

我国丰富的气候资源

中国的气候变化多样，气候资源丰富，对于有针对性地进行气候资源利用提供了便利的条件。

冬季对农业的发展有所阻碍，但是与冬冷相对立的夏热，却是十分有利的农业气候资源。例如，东北北部7月平均气温要比同纬度平均高4℃左右，西北干旱地区偏高更多。正是这可贵的夏热，使得中国北方广大地区大都能够普遍种植喜热的水稻、玉米和棉花等高产粮棉作物，其分布界限之北，世界罕见。

中国大多数地区的气候降水特点为冬干夏雨，在冬季时候降水较少，而夏季的时候降水丰沛，这样的降水也有它巨大的优势。冬干对农业生产影响不大，因为中国冬季中，作物已收割或者停止生长（越冬）。就是正在生长的作物，因为冬冷，一般也并不需要许多水分。可是冬季风转化而成的夏季风，却给作物在旺盛生长、最需要水分的季节里带来了丰沛的雨水。这种雨热同季、水热共济的现象，是中国农业生产十分有利的气候条件。古诗说的"季风之时兮，可以阜吾民之财兮"，正是雨热同季可以使作物高产丰收、增加人民财富的意思。可是，在世界其他地区相当于长江以南的纬度（15°N～30°N）上，由于高空有副热带高气压的控制，大都是干旱沙漠地区，例如撒哈拉、阿拉伯沙漠、印度西北部的塔尔沙漠、澳大利亚沙漠、南非卡拉哈里沙漠等。可见，冬季风虽然给中国带来了同纬度上最严寒和干燥的气候，但夏季风却使中国广大南方地区成为一个青山绿水、鱼米之乡的大绿洲。冬冷夏热、冬干夏雨这个大陆性季风气候的优越性在这里展示得十分清楚。

中国沿海与内陆地区降水差别大，这样虽然会造成内陆地区一定程度的干旱，但是却提供了丰富的光照资源。例如，西北地区光照充足，热量丰富，太

阳辐射强，昼夜温差大，这些也正是农作物高产的必要条件。因此，只要解决灌溉问题，这些形成干旱的不利气候条件就会立刻走向反面，转化成为十分有利的气候条件。作物有光有热又有水，从而粮棉高产，瓜果甜美。中国夏季最热的新疆吐鲁番盆地，那里长绒棉品质优良，特产无核葡萄干和哈密瓜都驰名中外。世界上凡有灌溉条件的沙漠干旱地区之所以都成为富饶的粮棉之仓，就是这个道理。

正是得益于气候类型的多种多样，所以造就了我国丰富的动植物资源。这些多种多样的气候资源为我国经济建设提供了巨大的支持。中国种子植物达 3 万种以上，食用植物有 2000 多种，树木有 2800 多种，（从热带雨林到寒温带针叶林均有）；中国陆栖脊椎动物已知的已达 1800 多种。此外，中草药和贵重药材，棉花、大豆、油菜、甜菜、甘蔗、油桐、茶叶以及橡胶、咖啡、油棕、剑麻、可可、胡椒等适应不同气候的经济作物均可种植。中国品种繁多的动植物资源，不仅为农、林、牧、副、渔各业的发展提供了有利的条件，同时也为工业化提供了多种多样的原料和粮食；并有大量产品外销，有力地支持了社会主义建设和满足人民的广泛需要。

第四章
地球气候峰值

了解了气候系统的相关知识，我们应该看一下在不同的气候中哪些地方更加适宜人居住，哪些地方的气候数值属于全球之最，哪些地方最冷，哪些地方最热，哪些地方降雨最大最多，哪些地方长年干旱无雨……

地球最冷的地方

地球上最冷的地方在哪里

哪里是地球上最冷的地方——南极大陆。要解释为什么地球上最冷的地方会是南极大陆，就要考虑南极的海拔、冰盖、太阳辐射等。因为南极地区海拔高、空气稀薄并且冰雪表面对太阳辐射的反射等因素的影响，最终使得南极大陆成为世界上最为寒冷的地区。

根据有关资料进行统计，最后气候学专家总结出南极大陆的年平均气温为零下25℃，南极沿海地区的年平均温度稍高一点，也在零下17~20℃，南极内陆地区的年平均温度则为零下40~50℃；东南极高原地区最为寒冷，年平均气温低达零下57℃。1967年初，挪威在极点附近测得零下94.5℃的低温。南极的平均气温比北极要低得多。

南极大陆之所以寒冷，另一方面原因还在于这里是地球上风力最大的地区。南极大陆平均每年8级以上的大风有300天，年平均风速19.4米/秒。法国迪尔维尔站曾观测到风速达100米/秒的飓风，这样的风速已经是12级台风的3

倍了，实在令人吃惊，这也是迄今世界上有记录的最大风速。科学家们经过研究，认为南极风暴之所以这样强大，原因在于南极大陆雪面温度低，因此导致其地区的空气迅速被冷却收缩而变重，密度增大。而覆盖南极大陆的冰盖就像一块中部厚、四周薄的"铁饼"，形成一个中心高原与沿海地区之间的陡坡地形。与此同时，因为遇冷而变重的冷空气从内陆高处沿斜面急剧下滑，到了沿海地带，因地势骤然下降，导致冷气流下滑的速度加大，所以就形成了强劲的、速度极快的下降风。

北半球大陆的寒极

北半球大陆的寒极与南极大陆的寒极不同，因为北半球大陆的寒极没有处在北极圈或是北极点上，而是在亚欧大陆上。奥苗康谷被誉为亚洲的寒极。

奥苗康谷位于在俄罗斯雅库茨克东北，这里因为一座名叫乌斯特·尼拉的重要金矿场而出名，山谷绵长而呈盆地地势，山谷中的温暖空气上升而形成"帽子"，较为凝重和寒冷的空气则沿着各大山的山侧下降，止于盆地底部。气象学家把这种情况称为"负辐射平衡"，意思是指从太阳获得的能量少于从地球向上辐射的能量。乌特斯·尼拉的温度在零下20℃以下时，便极有可能被浓雾笼罩。

随着金矿的发展，乌斯特·尼拉市的人口已超过万人，居住在这里的绝大多数人都是矿工，他们有的是老一代矿工的后代。他们最大的问题莫过于埋葬死人了。他们必须在前一天晚上整夜生火，第二天待火一熄灭就掘地。埋葬在雅库茨克的尸体经久不腐烂，情况跟古代猛犸的尸体一样。他们的主要菜肴是从因印第格尔卡河运来的冻鲜鱼，鱼一离水接触到冷空气便冻僵，在使用的时候，人们基本不加烹调，只是将鱼切成长长的薄片，蘸调料而食，这里的燃料很珍贵，因此人们吃鱼基本上都是生吃的，并且因为气温过低，所以鱼肉不会繁殖细菌，因此可以放心食用。

在极冷的气温下，机器的钢就像冰一样脆，很容易折断。卡车轮胎驶越坑沟槽时常会裂开，这里每个人都穿上皮靴或毡靴，人造皮革所制的靴底在户外

暴露10~15分钟就会龟裂。在这样寒冷的天气中，也就只有野狼才有可能存活下来，其他野生动物在这里难以寻迹，所以人们常捕捉幼狼豢养为宠物。现代人只有在雅库特才有机会尝到古代猛犸巨象的肉味。第一批完整无缺的猛犸尸体于1937年11月在该地发现，肉质与新鲜的相差无几，但他们已在冰隙中至少储存了两万年。地球上全年有居住的最冷地区是雅库西亚东北部的一个小村，居民约600人。该村的气象站在1959年1月所记录下的气温是零下71℃。

和亚洲大陆相比，美洲大陆的地势、气候条件要有所不同。在北美洲，由于陆地面积不如欧亚大，加上山脉呈南北走向，所以那里的冷高压不如亚洲强盛，并且它可以无阻挡地向南伸展，致使北美冬天的寒冷程度稍逊于亚洲。更何况美洲大陆还赖有北冰洋的调节作用，海洋的温暖气流对大陆也有很强的补充作用，最冷的地方也像亚洲一样，不在纬度更高的北冰洋沿岸，而在稍南的内陆冷空气易堆积的谷地。

欧洲北部的格陵兰岛是欧洲大陆最冷的地方。那里纬度高，地势高，陆地表面也为冰原覆盖，气候终年严寒，其中埃斯密特地区的极端最低气温达零下65℃。

中国的寒极

中国最冷的地方在东北——黑龙江省的漠河。漠河是一个位于中俄边界的小村庄，冬天的最低气温可达零下三四十摄氏度，极端最低气温可达零下50℃，十分的寒冷。在漠河，刚烧开的水在室外倒出时就会马上结成冰。夏天的平均气温也在几摄氏度左右，因此漠河的人口数量不多。在冬天的有些时候，还可以见到美丽的极光现象。

黑龙江省的漠河为何会成为中国最冷的地方呢？其实这也要从漠河的纬度位置、气候条件说起。漠河县位于黑龙江省西北部，中国的最北端。地理坐标为东经121°07′~124°20′，北纬52°10′~53°20′。东与塔河县接壤，西与内蒙古额尔古纳右旗交界，南与内蒙古的额尔古纳左旗为邻，北与俄罗斯隔江相望。界河黑龙江，自上游河口算起，边境线长245千米。除黑龙江之外，境内最大河流为额木尔河，发源于伊勒呼里山北麓，流经境内230千米，于本县兴安镇古城岛注入黑龙江。

漠河的气候为寒温带季风型大陆气候。这里的四季分界不是很明显，冬季漫长，严寒，低温多雪；夏季高温多雨，昼夜温差大。年平均气温在零下5℃以下，夏季最高温度可达38℃，冬季最低温度曾达零下52.3℃。

地球最热的地方

地球上的热极在哪里

地球的热极在哪里？这个问题不好回答。因为随着地球气候的变化，地球的热极也在变化，以下就列出了最近的有文字记录可查的资料，借此可以一窥究竟。

第一次世界最热的地方，是 1879 年 7 月 17 日在阿尔及利亚的瓦格拉测到的，绝对温度达 53.6℃。

第二次世界最热的地方，是 1913 年 7 月，美国加利福尼亚州的岱斯谷出现了 56.7℃ 的高温纪录。从此，地球"热极"从非洲跑到了美洲。

第三次世界最热的地方，是 1922 年 9 月 13 日，在非洲利比亚的加里延，盛吹"吉卜利"热风时，以 57.8℃ 刷新了世界热极的记录。地球"热极"的桂冠再次被非洲摘取。

第四次世界最热的地方，是 1933 年 8 月，墨西哥的圣路易斯测到了 57.8℃ 的最高温度，这样圣路易斯就同加里延分享世界"热极"的称号。美洲大陆和非洲总算"平分秋色"了。

第五次世界最热的地方，是 1960—1966 年，埃塞俄比亚的达洛尔测到了六年平均温度是 34.4℃。

第六次世界最热的地方，是在 1966 年之后，在非洲的索马里国家，在那里的阴影处测得的温度竟高达 63℃。那么，非洲大陆地球"热极"的称号能保持多久呢？

不久后，美国宇航局的卫星曾记录伊朗卢特沙漠的表面温度高达71℃，据推测，这是有史以来记录的地球表面的最高温度了。卢特沙漠占地面积约480平方千米，被人们称作"烤熟的小麦"。这里的温度之所以如此之高，是因为地表被黑色的火山熔岩所覆盖，容易吸收阳光中的热量。

中国最大的"火炉"

中国境内有着几个大"火炉"，这些火炉都是以炎热出名的。其中最为著名的"火炉"就是素有"火洲"之称的吐鲁番。吐鲁番位于新疆，素来以炎热干燥闻名于世，被公认为是中国气温最高的地方。2009年7月，吐鲁番地区平均温度比往年高出1℃以上，最高温度达到46.2℃。

吐鲁番因为地理原因而形成了炎热的气候。位于新疆天山东部山间盆地中，有2000多平方千米是低于海平面100米以下的低地。盆地令热气积聚，难以与外界空气交换，所以异常炎热。历史上吐鲁番最高温度曾达到47.7℃，地表温度高达75.8℃。当地民间流传着"沙窝里蒸熟鸡蛋、石头上烤熟面饼"的说法。

吐鲁番的降水很少，其年平均降水量仅为 16.7 毫米，2009 年上半年的降水量低于往年，2 月份与 4 月份均没有降雨。日照时间长，年平均无霜期 270 天。高温加快水分蒸发速度，使得吐鲁番的天气十分干燥。

这样的炎热气候，怎么能让人生活下去呢？许多人都会有这样的疑问。其实，高气温只是这里的一个方面，这里气温虽然高，但相对湿度却很低，高温低湿，虽热而不闷。另外昼夜温差很大，常可达 20℃。

吐鲁番在维吾尔语中意为"富庶丰饶的地方"，是内地连接新疆、中亚地区及南北疆的重要通道。吐鲁番是西域自然生态环境和绿洲农业文明的代表，优越的光热条件和独特的气候，使这里盛产葡萄、哈密瓜等作物，旅游资源也极其丰富。

地球最干的地方

地球的干极在哪里

哪里是地球最干燥的地方，地球的干极在哪里？地球上最干燥的地方就在南极大陆的干谷。这里的山谷两千年来不曾下过雨。只有一个山谷除外，这个山谷的湖泊在夏天会被内陆流过的河水短暂充满，而干谷不含湿气（水、冰或者雪），这是由于干谷存在时速为200英里（约322千米）的风，风蒸发了所有水汽。

南极大陆的干谷具有很多奇特之处。除了这些散落地面的荒芜砾石外，这里看不到一片冰或是一点水。它们还是南极唯一没有冰雪覆盖的陆地。干谷位于南极洲纵贯山脉，它们处于蒸发（或者说是升华）比降雪更多的山脉地区，所以，所有冰都消失了，只留下干涸贫瘠的土地。

除了南极干谷，地球上另外一块最干燥的地方是智利的阿塔卡马沙漠，这片广阔的沙漠寸草不生，有的地方甚至数百年没有降水。有一次干旱竟延续了400年之久，但这的确曾发生在智利阿塔卡马沙漠的部分地区。这些地区自16世纪末以来，于1971年首次下了雨。位于阿塔卡马沙漠北端的阿里卡从来不下

雨。它已成为一个闻名的度假地，靠引安第斯山脉的管道水来供水。阿塔卡马沙漠从智利与秘鲁交界处向南延伸约 960 千米，地势一般比海平面要高得多，平均为 610 米。它由一连串盐碱盆地组成，几乎没有植物。

为何这个地方这么长时间没有降水，为什么这里会成为地球的又一个干极？为何阿塔卡马沙漠会变得这样干燥呢？一部分原因在于来自南极的寒流产生了很多的雾和云，但并没有降雨；另外一部分原因是东面的安第斯山脉就像一道屏障，挡住了来自亚马孙河流域可能形成雨云的湿空气。

中国的干极在哪里

由于海陆位置、纬度、地形的原因，中国年雨量的分布形势是东南多，西北少，呈现出从东南向西北递减的趋势。所以等雨量线多从东北走向西南。从大兴安岭西坡一直向西南到达西藏拉萨附近的 400 毫米等雨量线，差不多把中国分成了西北和东南两半，线的东南年雨量较多，淮河汉水以南年雨量普遍都在 1000 ~ 1500 毫米以上，东南沿海更多至 1500 ~ 2000 毫米，自然植被多为森林；线的西北年雨量从 400 毫米减到 100 毫米以下，植被从东部的草原变为西部的荒漠或半荒漠景观。吐鲁番盆地、塔里木盆地和青海柴达木盆地是中国气候最干燥的地区，年雨量多在 25 毫米以下。例如，塔里木盆地南缘的且末年雨量 18.6 毫米，若羌 17.4 毫米，吐鲁番为 16.4 毫米，柴达木盆地中的冷湖为 17.6 毫米。新疆天山东端靠近中蒙边境的一个不大的盆地中的伊吾淖毛湖（北纬 43°46′，东经 95°08′，海拔 498.3 米）年平均雨量更少，只有 12.0 毫米，但这还不是中国气象站中雨量最少的地方。中国雨量最少的气象站吐鲁番盆地西侧的托克逊（海拔不到 1 米）年雨量平均只有 6.9 毫米。据报道，在吐鲁番盆地南部寸草不生的却勒塔格荒漠等地区，有些年份甚至终年滴雨不降。

地球降水最多的地方

哪里是地球的"雨极"

哪里是世界上最潮湿的地方，哪里是地球的"雨极"呢？这就非印度的乞拉朋齐莫属。乞拉朋齐位于印度阿萨姆邦，处在喜马拉雅山麓的南边，这里平均降雨量高达 10 866 毫米。而一年 10 866 毫米的降雨量让这一地区成为当之无愧的"雨极"！

与之相比，许多地方的降雨量就稍为逊色了。如上海是我国雨水比较充沛的地方，这里的年平均降雨量为 1134 毫米，如果要把 10 866 毫米的雨降落在这里，就需要 9 年多时间。如果拿降水十分稀少的地区来说，下 10 866 毫米的雨

量，就需要上千年，在气候反常的 1860 年，乞拉朋齐一年里曾下过 26 467 毫米的雨水，平均每天要下近 72 毫米的雨，按照气象学上的规定，日雨量 50 毫米以上，就是暴雨了。

乞拉朋齐为什么会成为地球的"雨极"呢？乞拉朋齐位于喜马拉雅山麓的南边，北部高入云霄的山峰，就像一座"天壁"。于是从孟加拉湾来的大量潮湿的冷空气流碰到山地而受到抬升，受山脉的抬升作用而产生强烈的上升运动，升到高空的潮湿空气便凝成云雨。由于这股潮湿空气"源远流长"，不断流入，雨水便源源不断地制造出来，并被巍巍的高山全部阻挡在山的南部，这就是乞拉朋齐成为"世界雨极"的原因。

乞拉朋齐的雨季为 5—9 月，在 6—8 月的"西南雨季"降雨量最大。1861 年 7 月乞拉朋齐曾以 9296 毫米的降雨量创下最潮湿月的记录。事实上，在 1860 年和 1862 年间，乞拉朋齐格外潮湿，1860 年 8 月 1 日和 1861 年 7 月 31 日（两个雨季部分的交叠时期），乞拉朋齐的降雨量为 26 467 毫米。在 1861 年全年的降雨量为 22 987 毫米，4 月到 9 月之间的降雨量为 22 454 毫米。

降水不仅包括下雨，它的另一种形式是下雪。世界上一年中下雪最多的地方是美国首都华盛顿，年降雪量达 1870 厘米。为什么华盛顿能下这么多的雪呢？下雪要有两个条件，一是温度要下降到 0℃ 以下，二是要有充足的水汽。华盛顿离大西洋、五大湖都不远，水汽来源十分充沛；同时，来自格兰岛的冷空气常常经过这里，因而使它成了世界上年降雪量最多的地方。据记载，美国华盛顿州的雷尼尔山从 1971 年 2 月 19 日至 1972 年 2 月 18 日的 12 个月中，下雪合计达 31 100 毫米厚。

中国降水最多的地方

中国降水最多的地方是火烧寮。火烧寮位于基隆、台北、宜兰三县市交界的迎风面，位于台湾岛东北端，基隆的南面，其西、北、东、东南等地势逐渐向外倾斜，有利于地形雨的形成，是我国降水最多的地方。据 1906—1944 年 38 年资料统计，年均降水量达 6557.8 毫米，1912 年降水量高达 8409 毫米，降水日数也多，年均降水日数达 214 天。我国日降水量最大的地方也出现在台湾省的火烧寮，为 1672 毫米。

因为海陆位置、地形等因素的影响，造成了火烧寮现在的降水形势。位于台湾山脉东北端海拔 420 米的山坡上，坡向面海。夏秋季节，自东南海上吹来的湿热夏季风，台风登陆时被地形抬升作用造成丰沛的降水；冬季时，在强烈的东北季风的影响下，大量的海洋暖流被带到了火烧寮，再经过地形的抬升作用便形成了大量的降水。据统计，从 11 月到次年 3 月，火烧寮的冬季降水量，占全年总降水量的一半。由于火烧寮冬夏降水量都很大，从而成为我国的"雨极"。

因此，火烧寮所在地的基隆也有"雨港"之称。据统计，基隆一年有 200 多个雨天，也就相当于三天中只有一天没有雨。

地球雾多的地方

雾都伦敦

伦敦受北大西洋暖流和西风影响，属温带海洋性气候，四季温差小，夏季凉爽，冬季温暖，空气湿润，多雨雾，秋冬尤甚。

伦敦夏季（6—8 月）的气温在 18℃左右，有时也会达到 30℃或更高。在春季（3 月底—5 月）和秋季（9—10 月），气温则维持在 11～15℃。在冬季（11 月—次年 3 月中旬），气温波动在 6℃左右。在伦敦冬季有罕见结冰的情况，但潮湿和阴冷的空气会使人一个冬天内得 2～3 次感冒。

伦敦全年都可以旅游，但在冬季一些观光景点会关闭或缩短开放时间。一般天气好的时候都会开放。7—8 月是伦敦的观光旅游旺季，但这几个月中除了有不确定的阳光外，还有拥挤的人群和被抬高的价格。

伦敦还有一个别称，那就是"雾都"。"雾都伦敦"这看上去是一个十分浪漫的名字，但是实际上并没有名字这么美丽。伦敦市区因常常充满着潮湿的雾气，因此有个叫"雾都"的别名。20 世纪初，伦敦人大部分都使用煤作为家居燃料，产生大量烟雾。这些烟雾再加上伦敦气候，造成了伦敦"远近驰名"的烟霞，英语称为 London Fog（伦敦雾）。因此，英语有时会把伦敦称作"大烟"（The Smoke），伦敦并由此得名"雾都"。1952 年 12 月 5 日至 9 日期间，伦敦烟雾事件令 4000 人死亡，政府因而于 1956 年推行了《空气清净法案》，于伦敦部分地区禁止使用产生浓烟的燃料。时至今日，伦敦的空气质量已经得到明显改观。

中国降雾气候峰值

冬天，大雾天气影响出行。雾也是中国气象季候的一大特色，关注中国降雾的区域分布，对于我们的日常出行有很大的帮助。

中国各地雾日相差很大。广州每年平均只有 5.1 天，上海多至 43.1 天，北京 22.9 天，哈尔滨为 15.0 天。东部大多数地区每年雾日都在 5～25 天，西北干旱地区则多在 5 天以下。中国年雾日超过 25 天的区域只有长白山区、浙江沿海、四川盆地和湘黔交界山区等地区，闽北山区和滇西南山区年雾日还可达到100 天以上。例如西双版纳的勐腊每年有雾日 152.7 天，闽西北太宁154.0天。此外，据非正式记载，海南岛五指山区有的地方雾日甚至可以超过 200 天。这些都是中国低海拔地区中雾日最多的地方了。

与这些地区相比，号称中国雾都的重庆则相对逊色不少，根据 1951—1964年 14 年的记录，每年重庆有雾天气只有 93.5 天，最多一年才 148 天，远远不及上述多雾的地区。

所以中国雾日最多的地方还是在高山之上，例如福建九仙山 300.8 天，浙江括苍山 286.4 天，金佛山 270.6 天等，都比勐腊和太宁要多得多，真可谓"云雾山中"。可是中国雾日最多的气象站还要数四川的峨眉山，1953—1980 年平均雾日高达 322.1 天，最少年也有 308 天，最多年份达 338 天，这就是说，每天天都是蒙蒙亮，因为有雾，太阳光的照射也显得更加暗淡！峨眉山 7—10月各月平均雾日都在 28 天以上，就是最少雾的 12 月份，月平均雾日也高达 24天，这些都是全国记录。然而，就在峨眉山麓的峨眉气象站，年平均雾日却只有 4.4 天，有的年份还没有雾出现，山顶山麓雾日对比是何等的鲜明！与之相反，中国降雾较少的地区多是比较干旱的地区。因为干旱地区的空中水汽量较少，所以形成的有雾天气也就较少，例如青藏高原上拉萨、都、定日等站，建站二三十年以来竟都没有出现过雾。中国年平均雾日不到 1 天的地区十分广大。奇怪的是，南海诸岛却也 10 年中难得出现几次雾，如西沙珊瑚岛、台湾恒春每年仅 0.3 天，西沙永兴岛每年仅 0.4 天，东沙岛 0.6 天等。号称天涯海角的海

南岛南端的榆林港，甚至建站以来从未出过雾，故有"无雾港"之称。这是由于热带海洋上一般冷空气难以到达，气温变化和缓，空气难以达到饱和的缘故。

形成大雾天的季节有的是集中在冬季形成，有的是在夏秋季节。淮河、秦岭以南的东南部地区和西北内陆干旱地区，均以 10 月至次年 4 月的冬半年多雾。

而其余的从东北、华北到青藏高原的广大地区则以夏秋季节（7—9月或6—10月）多雾。

在多雾的季节里，也不是随时随地都能看到雾霾。雾出现的时间多为傍晚到清晨的这一时间段，以半夜到清晨为多。例如哈尔滨夏季最多雾在 3—5 时，冬季在 6—8 时；上海夏季 5—6 时，冬季 6—8 时左右。可见雾的消散时间，一般在日出以后不久，仅云南西南部多雾地区隆冬季节拖延较长，一般在北京时间（比当地时间早 1 小时）2—3 时起雾后，总要到 10—11 时方才消散。

因为我国的地形、海陆位置和纬度等原因，雾的持续时间不会太长，基本上都不超过 4 小时。仅西南地区雾的持续时间较长，但一般也不超过 12 小时。云南西南部西双版纳等地区是中国低海拔地区雾持续时间最长的地方。

中国风力峰值

中国风速峰值

风速是指风的速度。风速峰值是指风的极端最大风速，指在一地曾经出现过的最大的瞬间风速。因为最大风速总是只持续很短时间，平均时距越长，则平均风速就越小，所以，极端最大风速是一地所有实测风速中最大的风速。

近年来通过检测，得知我国一些重要地区的风速峰值。其中北京极端最大风速28.3米/秒，北风，发生于1968年3月4日；上海是34.7米/秒，西风，发生于1967年3月26日；广州极端最大风速是35.4米/秒，东北风，发生于1964年9月5日。这些风速峰值都是经过多年的检测和记录得知的，具有极强的实用价值。

中国是一个多风的国家，而较大的极端最大风速大多是由台风造成的。例如1979年8月2日强台风过境，汕头最大风速60.4米/秒，风向为东风；厦门1959年8月23日强台风时瞬时最大风速也有60.0米/秒，风向为东南偏东；此外河北塘沽站在1966年8月28日飑线（沿飑线有突发性大风）过境时；使瞬时极大风速达到48.7米/秒（风向为北风）……

不过，要知道中国最大的风速峰值不是在陆地，而是在海洋上。因为台风登陆后风速就会大大减小。台湾附近洋面上曾经观测到过90米/秒的瞬时极大风速。不过中国真正的最大风速还可能是在珠峰顶上，因为中国南方冬半年高空有一支流速特别快的气流，称为西风急流。急流中心高度一般在11～12千米，隆冬1月份急流中心的平均风速达到了60～80米/秒以上。珠峰海拔接近

9000 米，已经伸到了急流中心的下方，所以珠峰附近定日气象站 9000 米高度上 1 月份的平均风速也达到了 35 米/秒，仅从收集到的 149 次探空观测中挑出来的最大风速已经达到了 87 米/秒，珠峰上风速之大，由此可见。

到底中国的风速峰值在哪里，还需要全面的资料对比才可以得知。

中国大风日数的峰值

大风日数也可以作为反映某地区风速大小的一个指标。那么怎样才算是大风日呢？中国气象部门规定，凡一天中只要某一瞬时风速达到 8 级或 17 米/秒以上时，这一天就记为大风日，而不管大风时间持续多久。一年（或月）中的大风总日数，就称为这一年（或月）的大风日数。我们所要介绍的就是多年平均的年大风日数。

广州大风日数极少，这里平均每年只有 5.9 天，上海每年 15.1 天，北京 26.7 天，哈尔滨多些为 40.9 天。一般说来，年平均风速最大的地方，年大风日数也最多，例如长白山天池气象站年平均大风日数为 267.8 天，即 4 天中平均

有 3 天刮大风，居全国之首，最多一年甚至刮了 304 天之多。从 11 月到来年 5 月的大风季中，这里每月平均都有 25 ~ 29 天大风。其次为福建德化的九仙山，平均每年大风日 203.6 天（最多年份 268 天），全年各月都有 13 天以上大风，3—6 月每月大风都在 19 天以上。其他大风日数多的地方还有：五台山年平均大风 189.2 天（最多年 220 天），大风季也在 11 月到来年 3 月，每月平均大风日数都在 20 ~ 24 天；新疆博乐阿拉山口，这里海拔不高，只 282 米，主要是峡谷地形而产生大风，每年平均 163.8 天（最多年 198 天），其中 5—7 月每月都在 20 ~ 21 天。

中国雷电峰值

中国是一个地域广博的国家，所以中国的气候也是丰富多变。在有关降水的气候记录中，雷电也是一个重要参考依据。每当有雷雨天气时，气象站都会留下相关记录，就记这一天为雷暴日。

根据相关气象数据显示，中国年平均雷暴日数的分布形势有几个明显特征：南方比北方多，山区比平原多，陆面比水面多。中国雷暴日数最多的地区是云南南部和两广地区，年平均雷暴日数可达 90～100 天，甚至更多。其中西双版纳和海南岛中部山区，年平均雷暴日可达 120 天以上。勐腊年平均雷暴日数为 123.7 天（最多年 148 天），儋县 122.5 天（最多年 139 天），景洪 120.8 天（最多年 149 天）等。

青藏高原东部也是雷电多发地区，和横断山区中北部也和青藏高原一样成为继云南、海南岛之后的多雷区，这些地区的雷电天气基本上每年都可达到 80～90 天，例如西藏索县年平均雷暴日数 94.8 天（最多年 118 天），那曲每年 85.2 天（最多年 98 天）。

自南向北，尤其是从两广和青藏高原东部这两个多雷区向北，雷暴日数明显减少。在中国东部地区大约北纬 30°以北，青藏高原东部大约北纬 35°以北，年平均雷暴日数就降到 50 天以下，其基本数据也就维持在 30～40 天（上海 30.1 天，北京 35.6 天，哈尔滨 30.9 天）。更不用说西北内陆干旱地区和青藏高原西北部干旱地区了。那里的雷暴天气更为稀少，一般也就只有 5～10 天以下，例如柴达木盆地察尔汗每年平均仅 1.7 天，冷湖 2.3 天，新疆和田 3.2 天等，都是中国雷暴最少的台站。这些台站有些年份甚至终年听不到雷声，例如柴达木盆地中的冷湖，1961—1970 年的 10 年中就有 3 年没有发生过雷暴。但热带海

洋中雷暴之少也令人惊异，例如西沙永兴岛和珊瑚岛年平均雷暴日数分别为33.4天和30.2天，这还算是多的；金门和马祖岛更少，分别只有11.0天和13.6天；南海中的东沙群岛1926—1936年的10年间每年平均只有7.2天，1963—1970年每年平均只有8.01天。

根据有关资料，中国的各地雷暴日数多集中在夏季，但是雷暴日数分布并不均匀，除了隆冬季节以外很多地区都可听到雷声。大约长江、巴山以南，青藏高原以东地区，即使在隆冬也曾响过雷声。全国最多雷的月份是6—8月。例如广西沿海的东兴气象站8月份平均高达23.8天（最多月份曾达30天，即几乎天天有雷），钦州8月23.7天（最多月29天），海南儋县6月21.9天（最多月29天）等。在青藏高原东南部地区因为雷暴高度集中在夏季，所以7—8月雷暴日数也高达20天以上。例如江孜8月平均雷暴日数23.1天（最多月27天），日喀则8月为21.8天（最多月27天，7月份最多曾有30天有雷），申扎7月20.1天（最多月26天）等，这些气象站海拔多在4000米以上。

中国各地发生雷暴的时间也集中在午后到傍晚的时间。例如，广州、上海雷暴分别集中在12—20时和12—18时；北京、哈尔滨的雷暴出现时间较晚，多集中在14—22时。全国各地的雷电天气集中度都不如青藏高原的高，那里的雷暴的集中程度最大，如那曲，93%~94%集中在12—22时。

可是有些沿海台站、岛屿和高大河谷地区，夜雷暴增多，甚至比午后还要多。例如，沿海台站东兴以早上6时左右最多，河谷地形中的拉萨和河口分别以21时和2时左右最多。

中国冰雹峰值

冰雹也是气象站观测的重要依据，冰雹落下时不管持续多长时间，都算一个雹日。但是冰雹的数量有限，并且冰雹的时间持续也较短，所以有的地区冰雹观测难度较大。中国雹日分布的情况是西部多，东部少；山区多，平原少。东部的广州、上海、北京和哈尔滨全属平原地区，因此冰雹都很少。

中国下落冰雹次数最多的地区应该是青藏高原。比如说西藏东北部的那曲每年平均有35.9天冰雹（最多年曾下了53天，最少年也有23天）；其次是班戈31.4天（最多年48天，最少年22天），申扎28.0天（最多年37天），安多27.9天（最多年40天），索县27.6天（最多年44天），均出在青藏高原。此外，新疆天山山脉西段的昭苏，每年平均冰雹也达22.2天（最多年32天），这些数据对研究当地气候有重要的参照价值。

当然，降水较少的沙漠地区和降水丰富的南方广大地区是中国冰雹比较少的地方，这些地区有的在相当长的时间内没有下过冰雹，例如沙漠地区的吐鲁番、若羌，长江中下游地区的浙江南麂岛、安徽巢湖，华南的广州、惠阳、汕尾、深圳、西沙群岛等。

不同的区域也有不同的降雹季节。有的在春雨季节降落冰雹，这就是春雹型，多在2—4月或3—5月，此外还有春夏雹型（4—7月）、夏雹型（5—9月或6—9月）和双峰雹型（5—6月及9—10月）4种。淮河、秦岭以南多属春雹型，青藏高原多雹区主要是夏雹型和双峰雹型。从全国来说，雹最多的季节是6—9月份，其中以青藏高原为最多。例如那曲6月、8月和9月平均雹日分别为9.3、9.0和8.7天，索县6月有8.8天，申扎7月、8月也有8.0天等。每月下8~9天冰雹，确也够多的了。

冰雹的出现时间也因为地域的不同而有差别，多数是在午后到傍晚。根据大同等 15 个测站统计，60% 以上的冰雹出现在 12 —17 时。但也有少数地区，例如湘西、鄂西南、川东南及黔东等 10 多个山区测站，56% 以上的冰雹下在 20时到次日凌晨 6 时之间。

根据哈尔滨、北京、武汉、昆明等几个大中城市的平均，中国冰雹中有58% 的持续时间不到 5 分钟，下到 6~10 分钟的占 23%，11~20 分钟占 10%，持续时间达 20~30 分钟和半小时以上的仅各占 5%。也就是说，冰雹的持续时间一般不长，81% 的情况都短于 10 分钟，91% 都短于 20 分钟。

中国大部分地区中，都曾发现过一天降两次雹的情况，青藏高原东部、黄土高原东北部及黔湘两省北部、黑龙江省中部，甚至一天下过 4 次冰雹，湖北省五峰气象站 1964 年 2 月 7 日一天内断续降雹曾达 9 次之多！

一般说来，中国东南部地区见雹不易，而北方和西部地区则多有连雹 2 天的情况，青藏高原东部甚至可连雹 3~5 天，那曲 1954 年 9 月 11 —21 日连续 11天，天天有雹，可称全国连雹日数的冠军了。

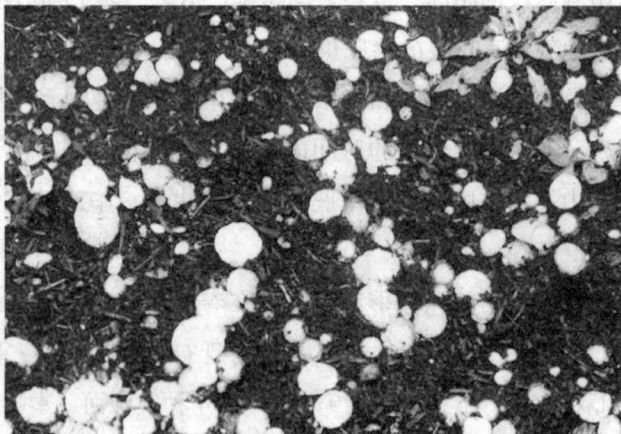

第五章
气象灾害之台风

近年来，台风频繁来袭，飓风卡特里娜、台风桑美、格美……一个个接踵而至。它们来势汹汹，席卷着地球上的每一寸土地，吞噬着一个个宝贵的生命……在可怕的台风来临时，我们该做些什么呢？

台风的形成原理及其影响

台风和飓风都是产生于热带洋面上的一种强烈的热带气旋，只是发生地点不同、名称不同。在美国附近称为飓风，在菲律宾、中国、日本附近叫台风。

在热带海洋面上经常有许多弱小的热带涡旋，我们称它们为台风的"胚胎"，因为台风都是由这种弱的热带涡旋发展成长起来的。通过气象卫星已经查明，在洋面上出现的大量热带涡旋中，大约只有10％能够发展成台风。

台风的成因，至今仍无法十分确定，但已知它是由热带大气内的扰动发展而来的。在热带海洋上，海面因受太阳直射而使海水温度升高，海水容易蒸发成水汽散布在空中，故热带海洋上的空气温度高、湿度大，这种空气因温度高而膨胀，致使密度减小、质量减轻，而赤道附近风力微弱，所以很容易上升，发生对流作用，同时周围较冷空气流入补充，然后再上升，如此循环不已，最终必使整个气柱皆为温度较高、重量较轻、密度较小之空气，这就形成了所谓的热带低压。然而空气之流动是自高气压流向低气压的，就好像是水从高处流向低处一样，四周气压较高处的空气必向气压较低处流动，而形成风。在夏季，因为太阳直射区域由赤道向北移，致使南半球之东南信风越过赤道转向成西南季风侵入北半球，和原来北半球的东北信风相遇，更迫挤此空气上升，增加对流作用，再因西南季风和东北信风方向不同，相遇时常造成波动和旋涡。这种西南季风和东北信风相遇所造成的辐合作用，和原来的对流作用继续不断，使已形成为低气压的旋涡继续加深，也就是使四周空气加快向旋涡中心流，流入越快时，其风速就越大；当近地面最大风速到达或超过 17.2 米/秒时，我们就称它为台风。

一般说来，一个台风的发生，需要具备以下几个基本条件。

（1）首先要有足够广阔的热带洋面，这个洋面不仅要求海水表面温度要高于 26.5℃，而且在 60 米深的一层海水里，水温都要超过这个数值。其中广阔的洋面是形成台风时的必要自然环境，因为台风内部空气分子间的摩擦，每天平均要消耗 3100～4000 卡/平方厘米（1 卡＝4.184 焦耳）的能量，这个巨大的能量只有广阔的热带海洋释放出的潜热才可能供应。另外，热带气旋周围旋转的强风，会引起中心附近的海水翻腾，在气压降得很低的台风中心甚至可以造成海洋表面向上涌起，继而又向四周散开，于是海水从台风中心向四周翻腾。台风里这种海水翻腾现象能影响到 60 米的深度。在海水温度低于 26.5℃ 的海洋面上，因热能不够，台风很难维持。为了确保在这种翻腾作用过程中，海面温度始终在 26.5℃ 以上，这个暖水层必须有 60 米左右的厚度。

（2）在台风形成之前，预先要有一个弱的热带涡旋存在。我们知道，任何一部机器的运转，都要消耗能量，这就要有能量来源。台风也是一部"热机"，它以如此巨大的规模和速度在那里转动，要消耗大量的能量，因此要有能量来源。台风的能量是来自热带海洋上的水汽。

在一个事先已经存在的热带涡旋里，涡旋内的气压比四周低，周围的空气携带大量的水汽流向涡旋中心，并在涡旋区内产生向上运动；湿空气上升，水汽凝结，释放出巨大的凝结潜热，才能促使台风这部大机器运转。所以，即使有了高温高湿的热带洋面供应水汽，如果没有空气强烈上升，产生凝结释放潜热过

程，台风也不可能形成。所以，空气的上升运动是生成和维持台风的一个重要因素。然而，其必要条件则是先存在一个弱的热带涡旋。

（3）要有足够大的地球自转偏向力，因赤道的地转偏向力为零，而向两极逐渐增大，故台风发生地点大约离开赤道 5 个纬度以上。由于地球的自转，便产生了一个使空气流向改变的力，称为"地球自转偏向力"。在旋转的地球上，地球自转的作用使周围空气很难直接流进低气压，而是沿着低气压的中心进行逆时针方向旋转（在北半球）。

（4）在弱低压上方，高低空之间的风向风速差别要小。在这种情况下，上下空气柱一致行动，高层空气中热量容易积聚，从而增暖。气旋一旦生成，在摩擦层以上的环境气流将沿等压线流动，高层增暖作用也就能进一步完成。在北纬20°以北地区，气候条件发生了变化，主要是高层风很大，不利于增暖，台风不易出现。

什么地方能同时具备这四个条件呢？只有在热带的海洋上。那里气温非常高，又是地球上水汽最丰富的地方。据统计，产生台风的海洋，主要有菲律宾以东的海洋、我国南海、西印度群岛以及澳洲东海岸等。这些地方海水温度比较高，也是南北两半球信风相遇的区域，因此台风就很容易产生。

一个发展成熟的台风，按其结构和带来的天气，可分为台风眼、涡旋风雨区、外围大风区三部分，从中心向外呈同心圆状排列。台风眼位于台风中心，直径为5~10千米。台风眼内盛行下沉气流，故天气晴朗，风平浪静。台风眼外侧为涡旋风雨区，这里盛行强烈的辐合上升气流，形成浓厚的云层，出现狂风暴雨，风力常常在12级以上，是台风中天气最恶劣的区域。再向外为外围大风区，风速向外减小，风力通常在6级以上。台风过境常常带来狂风暴雨天气，引起海面巨浪，严重威胁航海安全。登陆后，可摧毁庄稼、各种建筑设施等，造成人民生命财产的巨大损失，是一种危害极大的灾害性天气。

台风给广大的地区带来了充足的雨水，成为与人类生活和生产关系密切的降雨系统。但是，台风也总是带来各种破坏，它具有突发性强、破坏力大的特点，是世界上最严重的自然灾害之一。其危害性主要有三个方面：

（1）大风。台风中心附近最大风力一般为 8 级以上，其风速都在 17 米/秒以上，甚至在 60 米/秒以上。据测，当风力达到 12 级时，垂直于风向平面上每平方米风压可达 230 千帕。

（2）暴雨。台风是非常强的降雨系统。一次台风登陆，降雨中心一天之中可降下 100～300 毫米的大暴雨，甚至可达 500～800 毫米。台风暴雨造成的洪涝灾害，是最具危险性的灾害。台风暴雨强度大，洪水出现频率高，波及范围广，来势凶猛，破坏性极大。1975 年第 3 号台风在淮河上游产生的特大暴雨，创造了当时中国内地地区暴雨量极值，形成了河南"75·8"大洪水。

（3）风暴潮。所谓风暴潮，就是指当台风移向陆地时，由于台风的强风和低气压的作用，使海水向海岸方向强力堆积，潮位猛涨，水浪排山倒海般向海岸压去。强台风的风暴潮能使沿海水位上升 5～6 米。风暴潮与天文大潮高潮位相遇，产生高频率的潮位，导致潮水漫溢、海堤溃决、冲毁房屋和各类建筑设施、淹没城镇和农田，造成大量人员伤亡和财产损失。风暴潮还会造成海岸侵蚀、海水倒灌造成土地盐渍化等灾害。江苏省沿海最大增水可达 3 米。"9608"和"9711"号台风增水，使江苏省沿江沿海出现超历史的高潮位。

人们都知道，台风登陆会带来狂风暴雨，致使江河海堤被毁、大树连根拔起、房屋倒塌、洪水泛滥等严重自然灾害；但台风除了给登陆地区带来暴风雨等严重灾害外，也有一定的好处。

据统计，包括中国在内的东南亚各国和美国，台风降雨量约占这些地区总降雨量的 1/4 以上，因此如果没有台风，这些国家的农业困境不堪想象；此外台风对于调剂地球热量、维持热平衡更是功不可没。众所周知，热带地区由于接收的太阳辐射热量最多，因此气候也最为炎热，而寒带地区正好相反。由于台风的活动，热带地区的热量被驱散到高纬度地区，从而使寒带地区的热量得

到补偿，如果没有台风就会造成热带地区气候越来越炎热，而寒带地区越来越寒冷，自然地球上温带也就不复存在了，众多的植物和动物也会因难以适应而将出现灭绝，那将是一种非常可怕的情景。

2004 年 6 月 26 日起，广东省各地出现高温奇热天气，各地气温纷纷飙升，有 23 个市县日最高气温超过了 38℃。7 月 1 日，江门市区最高气温达 38.3℃，打破气象资料以来的最高纪录；而广州市 7 月 1 日当天记录到 39.1℃的最高气温，也打破了 1953 年 38.7℃的历史纪录（广州曾出现多起高温导致人类死亡的案例）。而当年台风初次登陆的时间又较正常年份推迟了 20 天左右，直到 7 月 16 日，2004 年第 9 号热带风暴"圆规"才姗姗来迟，登陆广东省后，全省持续的高温天气才结束，台风对气候的调节作用再次得到证明。

台风如何而来

台风就是在大气中围绕着自己的中心急速旋转同时又向前移动的空气涡旋，其构造很像汽车引擎。

这就是台风

台风是因为"热"而形成的

热带气旋是地球上破坏力最大的天气系统。台风和飓风是指中心附近最大风力达到 12 级或以上的热带气旋，只是因产生的海域不同而有不同的称谓。西太平洋沿岸的中国、日本、东南亚等地被称为"台风"，在大西洋、加勒比海和东太平洋地区则习惯称为"飓风"，在印度洋地区被称做"旋风"。实际上，台风就是在大气中绕着自己的中心急速旋转同时又向前移动的空气涡旋。

台风所到之处风吹狂烈，雨势滂沱，我们不禁要问，这么大的动力能源来自何处？答案揭晓，台风是因为"热"而产生，根源是温暖海面蒸发的水蒸气及水蒸气变成水时释放的热能。关于水蒸气、水与热能的关系，日常生活就有很多例子。比如，点燃煤气烧开水，燃烧能从水壶底部传递给里面的水，会使

水沸腾产生水蒸气。也就是水吸收热能形成水蒸气。反之,水蒸气变成水会释放热,而台风就是利用这种热能形成的。

大体上,一个中型台风每天会让200亿吨水蒸气变成水。每1克水蒸气变成水,会释放约600卡路里(1卡路里=4.186焦耳)热能。这些热能排放到大气中,会是形成台风的能量。虽然这只是水蒸气散发热能的百分之几,但因为台风携带的水蒸气数量太庞大,所有能量加总起来竟可大到地震的10倍。

台风的巧妙构造

汽车引擎靠燃烧汽油产生热能,与此对照,台风靠水蒸气凝结水滴产生热能,其产生的基础是相同的。

汽车燃烧汽油的地方是"汽缸",台风的"汽缸"则是包围台风眼、形状像花生的白色云朵,即所谓的"眼墙云"(eye wall cloud),高度有时达十几千米,气象学上的名称是"积雨云"。

这些积雨云往台风外侧延伸,宽度可达100～200千米,密密麻麻地堆积,外围则围绕许多螺旋状延伸的雨云"手臂"。

对流层风、云以及雨的互动

那么,台风会像汽车"排废气"吗?答案是肯定的。那就是被对流层顶阻挡而往水平方向喷出,温度在零下60℃至零下70℃白色冰块结晶所形成的云,亦即"卷云"。台风高度有的达十几千米,其顶端可抵达对流层顶,而从台风中心点往上喷的气流,一开始会逆时针旋转,但离台风眼远一点,却变成顺时针方向。

接下来,车子都有车轴,引擎动力必须透过车轴传送,才能转动车轮。台风也有类似结构，那就是"气压梯度"，简单讲就是气压相对于距离的变化程度。其变化状况有点像山坡斜面的倾斜比例。一般而言，气压梯度愈高，风速增加，运动能量变大。

台风形成的过程是，积雨云内部水蒸气的潜热释出，形成柱状暖空气，这些空气较轻而不断上升，中心气压降低，气压梯度因此提高。

从以上几个角度来看，把台风比喻成汽车引擎，既贴切又传神。当然，两者还是有差异，相对于汽车能自己前进，台风只会原地打转。但为什么我们看到的台风都是一面打转一面前进？原因是，地面往上 5~7 千米处有大环境场的气流，台风是被这些气流带着移动的。

因此，台风也可视为一艘大海中的帆船。

台风的形成过程

台风的起因是热带海面的积雨云，受赤道偏东风形成愈来愈大的云簇，热带海面上产生空气旋涡，会吸引更多热空气卷进来，并且相互碰撞产生更强大回转气流，当风速愈来愈快时，台风就形成了。

台风的起因：积雨云

台风通常在热带海面形成，但不会在赤道产生。我们来认识一下台风诞生的过程。

包含赤道在内的热带海洋，夏季由于太阳直射海水，温度节节升高，快速蒸发。海水蒸发的气体吸收蒸发热变轻，会一直往高空上升。愈上升气压愈低，这些热空气团开始膨胀，并逐渐冷却。于是，饱和水蒸气的空气变成细小水滴，远远看就是云朵。

液体变成水蒸气必须吸收热能，相反的，高空水蒸气恢复成液体状态必须

放热。因此，云朵产生意味着周边空气变暖。而云朵吸纳暖空气变得更轻、继续往上升，来到高空会突然全面冷却变成冰粒。这就是我们在地面上看到的积雨云。

另一方面，海面产生的水蒸气迅速升空之后，原先的位置空气变薄，会吸引周边湿暖空气进来填补。这样的过程反复进行，积雨云会愈累积愈大，最后变成黑压压的一大片。有积雨云的地方比较容易产生台风。

让台风产生回转的"科氏力"

地球上各地水域都可能产生积雨云，但只有热带海域的积雨云会发展成台风。夏季广大的热带温暖海洋，有的积雨云团会和其他积雨云团碰触，甚至几个聚积成一个，使上升气流更加剧烈，积雨云因此收缩成束，并以非常快的速度把远方空气吸进来。

此时被积雨云束吸引的热空气不会直线过来，而会受地球自转伴随产生的科氏力影响，以旋涡形状进入积雨云。科氏力不只会造成台风旋涡，也会影响偏西风、高气压以及低气压风的吹向。

如前述，以北半球为例，空气流动会受科氏力影响往右偏转，因为从北极上空看下来，地球呈现逆时针自转。台风旋涡之所以呈逆时针旋转，原因也在这里。

当然，这是北半球的情形，如果是南半球（南太平洋）的台风（当地称为"威烈威烈"），台风的旋涡会顺时针旋转。原因相同，当我们从南极上空看地面，地球是顺时针旋转的。

最常出现台风的地点

台风只会在海面温度超过26℃的温暖海域产生，但是在最温暖的北纬5°到赤道一带海面，却不见台风形成。为什么会这样？

原因很简单，这里的空气通常呈水平运动，地球自转产生的科氏力几乎没有影响，无法产生台风旋涡。并且，科氏力在赤道为零，在北极与南极达到最大。

总之，台风大多数发生在北半球夏季，特别是北纬 5°~20° 一带，由此往西或往北前进。台风最容易形成处"热带辐合带"（ITCZ），也称为"赤道辐合带"，通常是北半球东北信风与南半球东南信风乃至于西南季风汇集之处。

台风产生的原因：云簇

热带辐合带附近，有一种名为"赤道偏东风"的风。赤道地方的海水被阳光加热蒸发成水蒸气，这股气流往对流层上层及北极方向移动，来到北纬30°附近下降。在此流动过程中，部分的风会朝赤道方向吹。但不论往北极方向还是赤道方向吹，这两股风都会受科氏力影响往右偏。其中，往北极方向的气流变成偏西风；往赤道方向的气流变成赤道偏东风。至于"信风"，就是指赤道偏东风之中较接近地表的部分。

赤道偏东风会产生名为"偏东风波动"的气压高低波动。这种波动速度不快，平均时速只有 20 千米，周期则是 3~4 天，波长大约 200 千米，由东往西前进。因为有这种波动，热带辐合带形成的众多积雨云，逐渐团化，形成愈来愈大的云簇（积雨云的集合体）。这种直径达数百千米且缓慢旋转的热带低气压，就是台风的雏形。

如前述，热带海面上产生空气旋涡，会吸引更多热空气卷进来，上升力量加强，并且相互碰撞产生更强大回转气流。当风速愈来愈快，台风就形成了。

热带辐合带附近的云簇只有一小部分会发展成台风，比例可能还不到5%。另外，赤道偏东风高度有时达到8～10千米，特别是上层风变化很激烈，水蒸气吐出来的热被横向带动，上升气流就无法形成烟囱效应，即使出现旋涡也会被打乱。

有些台风形成之后继续成长甚至变成超级飓风，但也有一些始终保持小型状态。为什么会有这样的差异？科学界至今还没办法提出明确解答。

台风的是怎样靠近大陆的

北半球热带辐合带产生的台风形成后要发生移动，移动路径基本上沿副热带高压外缘，自东向西移动。

台风的移动路径

台风生成后的移动路径主要受副热带高气压（简称副高）外围气流影响，所以副高的位置和范围基本上决定了台风的路径，以北太平洋西部地区台风移动路径为例，其移动路径可分为4类：西移路径、西北移路径、转向路径、特殊路径，如打转、蛇行、停滞、突变等。

台风的行进路线是固定的

台风看起来很像载着一大片"积雨云风帆"的帆船，每个月各自有差不多固定的行进路线。

基本上，北半球热带辐合带产生的台风，受热带偏东风气流吹拂，会以时速几十至两百千米的速度往西前进，沿途接收温暖海域产生的水蒸气能量，从轻度台风一路变到中度台风甚至强烈台风。

然后，台风一面往西前进，受地球自转形成的科氏力影响，会往右偏转离开热带辐合带，有的甚至往北直走。这些往北走的台风，因季节不同又有不同走法。其中，12月到隔年5月发生的台风，会被太平洋高气压挡住无法北上。原因是，这个季节西伯利亚高气压扩张，压迫太平洋高气压往南发展，此时台风受到太平洋高气压压迫，只好往菲律宾或中国南部前进，无法北上。

进入6月，西伯利亚高气压减弱，太平洋高气压逐渐北移，台风会变成沿着太平洋高气压边缘抛物线状前进。在低纬度时朝西北方向行进，来到中纬度时，搭上偏西风改变成为东北方向继续前进。可见台风是会"转向"的，转向的地点称为"转向点"。台风在转向点附近达到最盛，风雨最大，然后速度慢慢降低。

台风寿命短的只有几小时，寿命长的达2周左右，但一般平均约5天。

台风驾到的征兆

　　加强台风的监测和预报，是减轻台风灾害的重要的措施。对台风的探测主要是利用气象卫星。在卫星云图上，能清晰地看见台风的存在和大小。利用气象卫星资料，可以确定台风中心的位置，估计台风强度，监测台风移动方向和速度，以及狂风暴雨出现的地区等，对防止和减轻台风灾害起着关键作用。当台风到达近海时，还可用雷达监测台风动向。还有气象台的预报员，根据所得到的各种资料，分析台风的动向，登陆的地点和时间，及时发布台风预报、台风紧报或紧急警报，通过电视、广播等媒介为公众服务，同时为各级政府提供决策依据，发布台风预报或紧报是减轻台风灾害的重要措施。同时，当接收到当地气象台预报有关台风伴随大海潮登陆时，应及时做好所有人员的安全转移（撤离）工作，把台风造成的损失减少到最低程度。

　　在台风将到的前两三天，可以由若干现象来研判台风正逐渐接近中，兹说明如下。

　　（1）高云出现：在台风最外缘是卷云，白色羽毛状或马尾状甚高之云，当此种云在某方向出现，并渐渐增厚而成为较密之卷层云，此时即显示可能有台风正渐渐接近。

　　（2）雷雨停止：台湾夏季，山地及盆地区域每日下午常有雷雨发生，如雷雨突然停止，即表示可能有台风接近中。

（3）能见度良好：能见度转好，远处山、树皆能清晰可见。

（4）海、陆风不明显：平时日间风自海上吹向陆地，夜间自陆地吹向海上，称为海风与陆风，但在台风将来临前数日，此现象便不再明显。

（5）长浪：台湾近海，因夏季风力温和，海浪亦较平稳，但远处有台风时，波浪将趋汹涌，渐次传至台湾沿海，而有长浪现象。东部沿海一带居民，都有此种经验。

（6）海鸣：台风渐接近，长浪亦渐大渐高且撞击海岸山崖发出吼声，东部沿岸亦常可闻，约3小时后台风就会来临。

（7）骤雨忽停忽落：当高云出现后，云层渐密渐低，常有骤雨忽落忽停，这也是台风接近的预兆。

（8）风向转变：台湾夏季常吹西南风，也较和缓，但如转变为东北风时，即表示台风已渐接近，并已开始受到台风边缘的影响，此后风速将逐渐增强。

（9）特殊晚霞：当日落时，常在西方地平线下发出数条放射状红蓝相间的美丽光芒，发射至天顶再收敛于东方与太阳对称之处，此种现象称为反暮光。

（10）气压降低：根据以上诸现象，如果再发现气压逐渐降低，显示将进入台风边缘了。

怎样应对台风来袭

台风和飓风都属于热带气旋，只不过是因为它们产生在不同的海域，不同国家使用不同的称谓而已。一般把在太平洋上生成的热带气旋称作台风。台风给很多地区带来了充足的雨水，成为与生产生活关系密切的降雨系统。但台风也给我们带来更多的灾害。全世界每年因气象灾害死亡的人数占到了因自然灾害死亡总人数的44.9％。台风突发性强、破坏力大，人类已将其列为世界上最严重的自然灾害之一。那么，台风期间人们该如何防范呢？

沿海居民怎样防范台风

常备食品

受台风影响，居民家里很可能遇上停电停水，准备些方便面、饼干等干粮和饮用水绝对没错，如果自家地处低洼，还可能被困上一两天，这时候，这些东西就能派上用场了。

具备临时照明工具

家里最好能准备一些诸如手电、蜡烛或蓄电的节能灯，因为万一遇上停电或是房屋进水，照明将成问题。如果夜晚出行，可能会有什么被吹倒的东西横在你前面，备用的照明设施就能解决这些问题，手上最好有后备的干电池。

保持下水管道的疏通

地势低洼的居民区，积水带来的麻烦和危险还是能避则避，趁暴雨来临之前，先检查自家的排水管道，如果有条件最好疏通一遍。

特别是住在一楼的住户，更要把一些浸不得水的电器、货物以及衣鞋，尽可能转移到高处，万一房内进了水，损失不至于太大。

清理房屋周围易坠落物品

遇台风时，折断的树枝、楼顶的广告、阳台花盆都会扛不住大风从天而降。台风来临之前，大家应清理自家阳台窗口的花盆衣架，检查楼道窗户，如果有破碎，应在第一时间修补完整，以免大风刮起时坠落伤人。

检查私家车的状况

出门前，要检查一下自己的汽车，雨刮器、刹车、各种灯光一个也不能出现问题，关键时候出问题就糟了。

留意气象报告

多留意媒体报道，拨打气象电话或通过气象网站等了解天气的最新情况，如有台风，请尽量调整出行时间。

台风来临前的防范

（1）关好门窗，检查门窗是否坚固，必要时加钉门板；取下悬挂的东西；检查电路、炉火、煤气等设施是否安全。

（2）将养在室外的动植物及其他物品移至室内，特别是要将楼顶的杂物搬进来，室外易被吹动的东西要加固。

（3）住在低洼地区和危房中的人员要及时转移到安全住所。

（4）如果您居住在山坡地或土石易崩落之处要尽快离开该区域。

（5）随时收听（看）台风消息，了解最新台风动向，做好各项防台准备。

（6）如果您正在郊外登山露营应尽早返家，预定登山、露营但尚未出发者，则应取消行程。

（7）沿海地区居民应注意潮汐，防止海水倒灌。

（8）在河边工（耕）作者，应尽早离开，防止被洪水围困，应避免到海岸、溪流观浪、戏水、捡拾石头、捕鱼、钓鱼。

（9）遇到危险时，请拨打当地政府的防灾电话求救。

台风来到后应该怎么做

家中居民

（1）台风来临时，将门窗关严，特别应对玻璃门窗和铝合金门窗采取防护。

（2）如遇玻璃松动或有裂缝，请在玻璃上贴上胶条，以免吹碎后碎片四散。

（3）不要在玻璃门、玻璃窗附近逗留。

（4）千万不要在迎风一侧开窗门，避免强气流进入后吹倒房子。

（5）如果老人或孩子单独在家，一定要提醒他们不要随便打开紧闭的门窗，也不要接近窗户，以免被强风吹破的窗户玻璃片弄伤。在台风来临的时候，要把家用电器关掉。

外出行走居民

（1）台风期间，尽量不要外出行走，倘若不得不外出时，应弯腰将身体紧缩成一团。

（2）一定要穿上轻便防水的鞋子和颜色鲜艳、紧身合体的衣裤，把衣服扣扣好或用带子扎紧，以减少受风面积，并且要穿好雨衣，戴好雨帽，系紧帽带，或者戴上头盔。

（3）行走时，应一步一步地慢慢走稳，顺风时绝对不能跑，否则很难停下，甚至有被刮走的危险；要尽可能抓住墙角、栅栏、柱子或其他稳固的固定物行走。

（4）在建筑物密集的街道行走时，要特别注意落下物或飞来物，以免砸伤。

（5）走到拐弯处，要停下来观察一下再走，贸然行走很可能被刮起的飞来物击伤。

（6）经过狭窄的桥或高处时，最好伏下身爬行，否则极易被刮倒或落水。

（7）如果台风期间夹着暴雨，要注意路上水深，10岁以下儿童切不可在水中行走，应用盆或桶之类东西载着幼儿渡过水滩。

（8）万一不慎被刮入大海，应千方百计游回岸边，无法游回时也要尽可能寻找漂浮物，以待救援。

骑自行车居民

不少居民出门骑自行车，台风一来，雨披、雨伞等雨具自然必不可少。不过，骑车带雨具也有讲究。

有些年轻人骑车技术好，喜欢一手把车头，一手拿雨伞。这种做法本来就是违反交通规则的，台风天气更加不可以。要是风一大，雨伞一受力，很容易摔跤。

喜欢用雨披的居民也要小心，出门时最好把雨披的前摆用夹子固定在车筐上，这样一来，就不会有风一吹，雨披盖住脸的尴尬了，也少了一分危险。

自驾居民

行车时应减速慢行，不要与前车距离过小，减少频繁并线。转弯时放慢速

度轻转方向盘，涉水时不要与前车同时下水，防止前车因故停车。

司机在选择停车位置的时候，一定要观察一下周围的情况，比如是不是贴近露天广告牌，楼上有没有花盆、杂物。此外，锈迹斑斑的空调外机也要敬而远之。如果你的车子停在地下车库，一定要事先确定车库的排水系统是不是完善，免得台风过后，要到水里去寻找车子。

注意力要集中。有情况时不要猛踩刹车，以防车辆侧滑跑偏。下大雨、暴雨时，要开启雾灯。路面有积水时，要探明深浅后再驾车通过。在山区公路行驶时，要时刻注意山体滑坡。

出航居民

船舶在航行中遭遇台风袭击，应主动采取应急措施，及时与岸上有关部门联系，弄清船只与台风的相对位置，还应尽快动员船员将船只驶入避风港，封住船舱，如果是帆船，要尽早放下船帆。

游客

野外旅游时，听到气象台发出台风预报后，能离开台风经过地区的要尽早离开，否则应备足罐头、饼干等食物和饮用水，并购足蜡烛、手电筒等照明用品。

由于台风经过岛屿和海岸时破坏力最大，所以要尽可能远离海洋。在海边和河口低洼地区旅游时，应尽可能到远离海岸的坚固宾馆及台风庇护站躲避。

以上情况都要注意：强台风过后不久，一定要在房子里或原先的藏身处待着不动。因为台风的"风眼"在上空掠过后，地面会风平浪静一段时间，但绝不能以为风暴已经结束。通常，这种平静持续不到1个小时，风就会从相反的方向以雷霆万钧之势再度横扫过来，如果你是在户外躲避，那么此时就要转移到原来避风地的对侧。

台风后的注意事项

灾后需要注意环境卫生与食物、水的消毒工作。

在飓风过后出现的停电和洪水期间，要采取必要的措施，以保证人员健康和安全。

暴风雨过后，人们可以遵照 FDA 给出的如下建议，以保护自己和家人：

在飓风过后出现的停电或洪水期间，FDA 认为消费者面对的最大食品安全挑战将是食物保存，应冷藏食物于或低于华氏 40 度（4.4℃），冷冻食物于或低于华氏 0 度（零下 17℃）。

易腐食物，如肉、禽、海产品，牛奶和蛋类等，若冷藏或冷冻不当，即使完全煮熟，在食用后也可能引起疾病。

FDA 认为如果出现洪水，人们还须考虑所存食物和饮用水的安全性。

台风记忆

1906 年香港强台风

1906 年 9 月 18 日 21 时，一股强台风袭击了香港港口，造成 9 艘轮船翻沉，22 艘轮船被撞毁，数千只舢板和帆船倾覆，估计有 1 万人被淹死或被横飞的木块致死或被倒塌的房屋压死。九龙的死亡情况更为惨重，这次台风造成的损失达 2000 万美元。

1906 年 9 月 14 日，维多利亚的主教霍尔博士，与他的 4 名学生，一起登上他宽敞舒适的游艇"先锋"号，在蓝天白云下驶出香港港口，准备到中国的沿海地区去传播基督教的福音。4 天后，大海风平浪静，霍尔主教透过水平仪一看，急忙在自己身上画十字。原来，他的眼前正有一股巨大的台风移动。他的一个学生用颤抖的手指指着说："白马。"所谓"白马"，是指向前奔腾的白帽巨浪，它所到之处，对任何人和任何物来说都意味着毁灭。白帽浪奔腾而来，转瞬间便将"先锋"号的船舱和船身撞断。当台风把主教和他的 4 名学生吞噬时，他们正紧紧地抓住船壳。

香港气象台发现了这股正在逼近的台风，并于下午 8 时 40 分施放了台风信号枪。20 分钟后，台风从西面刮进海湾，刮翻了 11 艘大船，22 艘中型船只以及 2000 多只舢板和帆船。这些船上的人，估计有 8000 人被淹死。1698 吨的德国轮船"波特拉奇"号被台风掀翻，压在"埃玛·露易肯"号和"蒙特埃格"号上，后来又被刮到了九龙码头。从纽约开来的 2000 吨美国邮轮"稀奇科克"号，也被台风刮离水面，从空中越过海湾，落在海滩上。

当时停泊在港口的法国舰队，大部分船只遭到了破坏。水雷驱逐船"弗龙德"号被巨浪推上海滩后，又被时速高达 160 千米的大风刮翻，造成了 6 名船员丧生。

数以千计的劳工冲向一条木质大吊桥。尽管大风刮得他们睁不开眼睛，他们仍用手抬高吊桥，以便让那些幸存的舢板和其他小船进入环礁湖。大家都以为那里是避风天堂。可是，当几百只小船开进环礁湖较平静的水域时，它们立即被台风围困。不久，强大的风暴把所有的小船摧毁。到第二天，环礁湖上漂浮着厚厚的一层破船烂板，人们甚至可以从上面走过。

九龙地区居民的遭遇几乎和那些被困在港口的人们一样。几百间房屋被掀掉了屋顶，被刮散的脚手架上的竹片木料，像刀片一样在空中飞舞，击伤了数以百计的人，甚至把许多人钉在房屋上，树上被刮断的输电线在风中摇晃，放出劈劈啪啪的电火花。

几百名在兰楼里服务的中国雇员被他们的雇主罗杰先生命令"去营救一些可怜的家伙。"可很多人拒绝去，而跑到低矮的地下室躲避起来。另外几十人则勇敢地跑出去，抓起竹竿冲向码头。他们从摇摇晃晃的码头上把竹竿伸到水里，从里面拉上了几百名落水的船工和他们的家属。

在这场灾难中，H. S. 贝文所进行的营救活动是一个壮举。他看到一个劳工被大风刮倒在康诺特大道上，并企图抓住布莱克码头上的一根灯柱，但却被大风刮得一头撞在上面，随后便被吹到海水里。贝文一见，立即迅速冲到码头。一名印度巡警指着一个漩涡告诉他，那位劳工已被卷入漩涡。这位印度人迅速解下头巾，自己抓住一端，贝文抓住另一端，打上结，套在胳膊上，然后跳入水中，抓住那位要下沉的劳工。印度巡警把他们两人拉上了码头。这位劳工两天后在医院里苏醒了过来，得救了，但台风过后贝文却失踪了。

台风横行肆虐了近 4 个小时，到 9 月 19 日早晨，香港几乎变成了一片废墟，价值 2000 万美元的房屋建筑和船只被毁，1 万多人丧生，其中只有 20 个欧洲人。当时香港的大多数外国人都住在坚固的砖墙房屋里，这些房屋能够抵御暴风的袭击，至多不过是玻璃窗被刮坏。

死于这次台风的欧洲人之一是霍尔主教。当他的游艇被台风刮成两半后，

他把自己捆在船身的一根桅杆上。原来在船舱里的两名学生被水冲到了岸上，两天后仍然活着。可是那位主教却没有那么幸运。几天后一位中国渔民发现"先锋"号在海上毫无目标地漂浮，便将舢板划过去，他发现霍尔主教仍被绑在桅杆上，身躯下垂，眼睛圆瞪，脸上被咸海水溅得斑斑点点，他已经死了。

1959 年日本名古屋超级台风

1959 年 9 月 20 日，在太平洋马里亚纳群岛形成的热带低气压演变成台风，袭击了日本。日本名城名古屋惨遭袭击，损失重大。事后，据官方统计，这次台风造成的死亡人数高达 5000 多人，几百人失踪，3 万多人受伤，4 万个家庭受损，总损失折合美元 20 亿。

1959 年初秋是日本名古屋市民十分繁忙的时候。全城上下忙忙碌碌，正着手筹备该市建市 70 周年的大庆。人们为大庆装点了船只，准备了鲜花、乐队、讲演与烟火，甚至还邀请了姐妹城市美国加利福尼亚州洛杉矶市的代表团来参加庆典。

9 月 20 日，星期天，正当人们兴致勃勃地准备欢度节日时，日本气象局传来了不祥的消息：在太平洋马里亚纳群岛的塞班岛东南 518 千米处出现的热带低气压，正在向西北方向移动。第二天该气压变为强热带风暴，待到星期二它已演变成台风。气象局立即发出台风警报，并把它命名为"薇拉"，标号"5915"，这表明该台风是 1959 年形成的第 15 号台风。

从星期三到星期五，台风缓慢地向日本推进，但强度丝毫未减。到了星期六夜间台风侵入日本，以每小时 260 千米的风速横扫本州岛海岸。

尽管飞机航班已停飞，可台风逼近日本的消息并未引起日本人的多少恐慌。居民们所做的准备工作仅仅是挂上挡风板，购买些备用物品，并在大小容器中注满饮用水。风暴警报对日本人来讲早已司空见惯，尤其在 9 月份更是如此。在他们眼中，台风一般只持续一个星期左右，它们的路线说变就变，而且来势凶猛的台风常常会减弱成热带风暴或突然转向消失在大海之中。

尽管每年都有三四次台风袭击日本，造成人员伤亡，可是日本人宿命思想极为严重，他们认为，台风以及海啸、火山爆发或地震等自然灾害要来挡也挡不住，躲也躲不了，对于无法回避的事不如顺其自然。

此外，日本人长期以来一直把台风看做是一种吉祥的象征。早在1274年和1281年，成吉思汗之孙中国元代第一代皇帝忽必烈曾两次试图率领大批蒙古军队组织舰队攻打日本，但每次都遭到猛烈的台风袭击。台风打乱了忽必烈的阵容，沉没了他的船只，使他攻占日本的企图破灭。此后，日本人便称台风为"神风"。

一些日本专家还指出，风暴对日本经济的发展有着极为重要的贡献，它们带来的雨量占日本全年降雨量的8%，换句话说，每年风暴将为日本送来5000万吨淡水。

由于上述原因，尽管台风警报警告人们，名古屋将受到台风的袭击，将会受到重大损失，但5天来，名古屋以及周围城镇中的居民对台风的威胁置之不理。然而台风强度并未减弱；台风也并未心慈手软，转向消失在海上。事实证明，这次台风是日本现代历史上破坏性最强的自然灾害之一，也是世界各地最严重的自然灾害之一。

星期六夜间，正当涨大潮时，台风开始袭击名古屋。海浪形成一道5米多

高的巨墙，并以巨大的力量反复向名古屋袭来。只要碰到阻碍物，海浪就会将海水抛向 6 米高的上空，并发出震天动地的巨响。在海浪的撞击下，大坝、堤防、码头、桥梁以及其他建筑物都被打得粉碎。疯狂的海浪还掀平了全城的贮木场，冲倒了成堆的圆木，把它们抛往空中，又像降冰雹一般击打在街道房屋上。

这时风速已达到了每小时 220 千米，它掀翻了房顶，将砖头瓦块甩向四面八方。伊势湾漫出的洪水倾泻入城，使得许多人还未来得及逃命便连人带屋一起被洪水卷走。只有那些聪明的人从房顶上打了个洞才得以脱身逃命。在一所较大的公寓楼倒塌时，楼中的 84 人全被埋在了瓦砾和泥水之中。

经过 3 小时强烈的台风袭击后，物品、碎石遍地，满目疮痍。星期天上午，名古屋有 1/3 的地段仍泡在水中，剩余的地方到处是碎石、泥浆和散落的圆木，街面上横七竖八地躺着尸体。台风袭击时有 21 艘船只被抛上了名古屋的海岸，其中包括 7 艘远洋巨轮。

台风过去后，由于缺少食品和饮用水，有些幸存者竟不顾污浊而扎入脏水中，打捞淹在水中的厨房里或菜地中的食物，为此许多人患上了痢疾。有些人在台风侵袭、自身难保的情况下，还紧抱电视机或摩托车不放，为了不放弃这些珍贵的财产，他们竟拒绝他人的搭救。

援救工作终于开始。军队利用直升机向较高地方投掷食品和其他供给品，并把病患者和严重受伤的人接上飞机，或把许多困在屋顶上的人送到较安全地带。尽管如此，台风袭击一星期后，仍有 2.5 万受饥挨冻的人被困在屋顶上。

名古屋周围城镇的消息渐渐传入名古屋，靠近伊势湾的几乎每个城镇或村庄都全部或大部分被卷入海中，在名古屋东南方的丰田，巨大的海浪毁坏了 250 所房屋，已知死亡人数为 300 人，还有成百人失踪。在另一城镇，山崩使 12 家 60 人被活活埋在泥土之下。总之，在日本 47 个县中有 38 个县遭到了严重损害。

大约 20 万公顷的耕地遭殃，地里的水果、稻子、蔬菜全部被毁。成群的家畜被淹死，电线和电话线断裂，无线电和电视塔倒塌，起重机倒覆，机场设施被损坏，本州中部的所有工厂全部关闭。全国铁路运输系统中断，22 辆火车脱轨，铁轨折断处不计其数。据官方统计，这次台风造成的死亡人数高达 5000 多人，几百人失踪，3 万多人受伤，4 万个家庭受损，总损失折合美元 20 亿。日本人民在灾难后马上投入了重建家园的行动，在很短的时间内名古屋和它周围的城镇便治愈了创伤，人们开始了正常的生活和建设。站立在名古屋城堡房顶上的那对金光闪烁的海兽没有受到台风的摧毁，依然高高挺立着，成为该市不屈不挠、永久生存的象征。

飓风 "卡特里娜"

美国建国时间虽然相对较短，史上却发生过不少严重的飓风灾害，例如，1900 年的加尔维斯敦飓风，造成约 8000 人死亡；1928 年袭击佛罗里达州的奥基乔比飓风，造成 2500 多人死亡；1938 年的新英格兰飓风造成约 700 人死亡。

近年来的飓风 "卡特里娜" 也是美国有史以来很罕见的飓风，对美国的影响也非常大。2005 年 8 月 28 日飓风 "卡特里娜" 气势汹汹地扑向美国路易斯安那州和密西西比州沿海，地势低平的路易斯安那州首府新奥尔良正处在这场史上罕见的飓风 "虎口" 之下，数十万居民 28 日开始惊恐大逃亡。

在美国，通常把飓风从强到弱分为五级：一级飓风风速在每小时 118～153 千米，风暴引起的海浪高度为 1.5 米；五级飓风风速超过每小时 249 千米，风

暴引起的海浪高度在 5.5 米以上，建筑物楼顶会被掀翻，近岸建筑物结构会被完全破坏。预报飓风后，新奥尔良市政府 28 日正式下达了强制撤离命令。路易斯安那州南部高速公路上，撤离车辆排成了长龙，一些路段出现严重交通堵塞。许多在新奥尔良度假的游客不得不提前结束在这个"世界爵士之都"的行程。更糟糕的是，还有 10 万人缺乏撤离的交通工具。市政府下令将市内最大的圆形体育中心辟为避难所，并提醒前往那里的人们带上足够吃 3~5 天的食物。

但是，事情远比预料的严重，在飓风登陆的几小时内，新奥尔良的防洪堤决堤，大水涌进城市的街道，很多人没有逃出去，死掉了。新奥尔良整个城市几乎成为空城，在灾后还出现了哄抢风潮，暴力事件也不时发生。

一场"卡特里娜"飓风让新奥尔良市变成一片泽国，也让世界陷入震惊与哀伤之中，更让美国人意识到，在防御洪灾方面，做得还远远不够。

台风 "桑美"

据气象专家介绍，台风"桑美"是近 40 年来登陆中国最强的一次台风，也是第一次没有任何阻挡直接登陆浙江和福建沿海的台风，根据中国最新发布的热带气旋等级标准来看，这个热带气旋一共分为 6 个级别，分别是热带低气压、热带风暴、强热带风暴、台风、强台风和超强台风。这个"桑美"正是超强台风。

2006 年 8 月 10 日下午，台风"桑美"已经一路狂奔到了中国的东海，"桑美"狂奔的速度大约是每小时 270 千米，相当于波音飞机起飞的速度，而它的目标就是中国东海之滨福建省福鼎市的沙埕港。

福鼎市沙埕镇的沙埕港，本是一个天然条件极好的避风港，大约有 9000 个渔民就日夜生活在渔排上，渔排里养的鱼就是他们全年的收入，要不是出了天大的事情，渔民是绝对不会离开渔排的。此刻，台风"桑美"一直按直线路径飞奔，它在聚集袭击的最大能量。政府迅速把渔民聚集上了岸，还派专人把守要塞，防止渔民偷偷下海，福鼎市防汛抗旱办公室进行了各种周详的准备。沙埕避风港成了台风"桑美"与人们对决的最前线。"桑美"没有丝毫犹豫，在与狂风、暴雨以及天文大潮会合之后威力大增，它的边锋已经扑到福鼎市，它要撕裂这个港口、粉碎这个城市。而对"桑美"这个对手，沙埕港似乎并没有什么恐惧，福鼎人在静静地等待决战的时刻。

8月10日深夜，"桑美"向福鼎市沙埕港发动了正面袭击，"桑美"的中心风力达到了19级，比预报的17级还要高。"桑美"所过之处，到处都是墙倒屋塌，一片狼藉，大树被连根拔起，人都快被吹走了，那些漂在海上的渔船，此刻的处境更是岌岌可危。"桑美"来临前，暂时来不及回港躲避的渔民弃船逃生，他们穿着救生衣跳海，游到岸边，只剩下远处的渔船孤零零地留在海上。在"桑美"登陆前的福建泉州港，回港避风的渔船紧紧地拴成一排，渔民们希望靠这种办法抵御即将到来的大风大浪。

台风"桑美"登陆前，在沙埕港避风的船只达到了12 000多艘，其中外地船只就占了9000多艘，它们在避风港里静静地等待着台风的到来。8月10日深夜，台风"桑美"席卷整个福鼎市，在这里躲避风暴的渔民吃惊地发现：沙埕港并不安全。当天深夜，一只又一只的船像乒乓球一样在海面上弹起来又狠狠地砸下去，那个漆黑的夜晚，原本用来避风的沙埕港变成了死亡之港。

台风过后，沙埕港湾的海滩上到处都是被砸坏的船只，就连上百米的大船也都被台风掀翻，经不完全统计共有600多艘船只沉没，它们有的只在水面上露出一根桅杆。更为可怕的是，由于相信沙埕港是安全之港，这些躲避风暴的船只当时都有人看守，船只遇险后，他们中的大部分人再也没有上过岸。

台风"纳尔吉斯"

每年4月的孟加拉湾已开始迈入盛夏，热烈的阳光让一切看起来都那么明亮、灿烂，此时正是孟加拉湾的季风转换时期。

水温高达32℃的北印度洋蕴涵着丰沛的水汽，季风的退却造就了微弱的风切变，再加上良好的高空辐散，所有这些都预示着一个热带气旋正在这片海面上慢慢孕育成形。

2008年4月27日，印度气象局注意到孟加拉湾西部海域的云团系统，数小

时后它增强为热带低压，联合台风警报中心将其称为"01B"。受北方高压脊的引导，01B 一面缓慢地向西北偏西方向移动，一面迅速加强。4 月 28 日早上，01B 升级为热带风暴，并由此获得了它的正式命名——"纳尔吉斯"。

台风正在形成，而孟加拉湾地区的人们此时并没有把它放在心上，尤其是缅甸人。大家依然过着平淡而琐碎的生活，完全不相信自己的命运会因为一场台风而发生什么改变。他们有理由这样自信：虽然身处全世界台风最为频繁的地区之一的孟加拉湾，缅甸却已有大约 40 年没有受到过台风的侵袭，灾难总是降临在不幸的邻国孟加拉，没有人认为这一次会轮到自己。

4 月 28 日，"纳尔吉斯"陷入分别位于其西北和东南方向的两个高压之间，移动速度减缓至几乎停滞。与此同时，对于较高的海水温度，风暴还在继续增强，当天下午便由热带风暴升级为强热带风暴。4 月 29 日，联合台风警报中心估计"纳尔吉斯"的最高持续风速达到每小时 160 千米，"纳尔吉斯"由此升级为台风，中心附近最大风力 12 级。

尽管连续几天"纳尔吉斯"一直安然地守在孟加拉湾西部海域，静若处子，但作为台风，巨大的风眼已经形成。它冷冷地看着四周沿海地区一连数日在它的意念之下狂风大作、暴雨倾盆——这是《魔戒》中魔王索隆（Sauton）的眼睛。

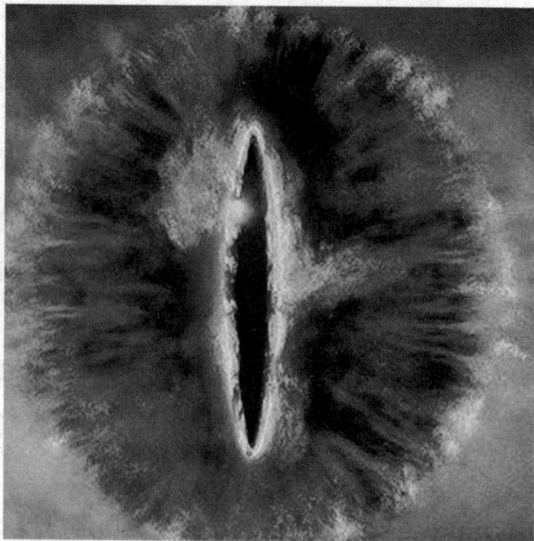

4月29日的晚些时候，在位于东南方向高压的引导下，"纳尔吉斯"起身向东北方向移动。4月30日，"纳尔吉斯"继续向东北移动。这一天，受较干燥空气的入侵，"纳尔吉斯"由台风减弱为强热带风暴。5月1日，"纳尔吉斯"重新增强为台风，移动方向由东北转为正东，并开始显著加速，以每小时15千米的速度向缅甸中部沿海靠近。5月2日，"纳尔吉斯"再次加速，以每小时20千米的速度逼近缅甸，并在登陆前急剧增强至巅峰状态，最终在16时30分前后（缅甸时间）以超强台风登陆海基岛，登陆时速为每小时192千米，中心风力16级，伴随而来的风暴潮高达3.5米。

缅甸的夏季非常炎热，尤其是伊洛瓦底江三角洲，人们需要海面上的台风为自己带来降雨和降温，而在持续数日的7~8级大风和愈演愈烈的大暴雨之后，三角洲忽然重新安静下来，没有风，也没有雨，只有阴霾的天空和异常闷热的天气。

这是台风外围的下沉气流在发出最后的警告，然而人们并没有领会。即使在政府已经发出台风警报之后，三角洲地区的人们仍然不相信厄运将会降临。他们以为2008年将和过去的40年一样波澜不惊，毕竟眼下正是水稻收割的好时节，没有人愿意离开富庶的家园。

但"纳尔吉斯"已决意摧毁人们这种顽固的自信。它张开直径19千米的巨大风眼，裹挟着暴风骤雨和惊涛骇浪，以登陆前最高持续风速每小时215千米进入三角洲，所过之处樯倾楫摧、浊浪排空，台风引发的风暴潮带来海水倒灌，3万平方千米的整个三角洲几乎被海水完全淹没——在强风、海潮、暴雨的三重打击之下，数万人民根本无处逃生。风暴过后这里已成人间地狱：地上积水严重，尸横遍野。

5月3日，"纳尔吉斯"在登陆数小时之后迅速由超强台风减弱为强热带风暴，同时以每小时15~20千米的速度向东北偏东方向移动，于凌晨时分与仰光市擦身而过。随后它继续快速移动并快速减弱，途经仰光省、勃固省、孟邦和克伦邦，当晚接近泰缅边境的高原地区时已减为热带低压。5月4日，"纳尔吉斯"最终在泰国北部彻底消散。

尽管"纳尔吉斯"登陆后已迅速减弱，并且其中心没有正面袭击仰光市，

但 11 级狂风夹杂暴雨的扫荡已足够让仰光市民一辈子牢记。

台风过后，缅甸政府清点受灾人数。截至 5 月 11 日，官方公布死亡 28 458 人，失踪 33 416 人，并指出这仅仅是两个受灾最严重地区的数字，仍有大量灾区因为交通、通信中断而难以统计。5 月 9 日，联合国人道主义事务协调员约翰·霍姆斯（John Holmes）计算缅甸的死亡人数应在 6.3 万~10 万人。联合国救灾机构称，大约有 200 万人无家可归，而全部受灾人数估计达 2400 万，约占缅甸总人口的一半。

第六章

气象灾害之洪水

洪水灾害是当今世界上给人类带来损失较大的自然灾害之一，被称为人类的头号杀手。在洪灾泛滥的时候，人类必须任其宰割吗？不，我们要了解水灾的真相，利用人类的智慧，让水灾不再泛滥成灾。

洪水从何而来

洪水是指特大的径流。这种径流往往因河槽不能容纳而泛滥成灾。根据洪水形成的水源和发生时间，一般可将洪水分为春季融雪洪水和暴雨洪水两类。

河流、湖泊和水库遭受暴雨侵袭时，可能会引起水灾。海底地震、飓风和反常的大潮大浪以及堤坝坍塌等，也是造成水灾的原因。

暴雨洪水是中国洪水灾害的最主要来源。中国大部分地区在大陆季风气候影响下，降雨时间集中，强度很大。全年降雨量除新疆北部和湖南南部以外，绝大部分地区50%以上集中在5—9月。其中，淮河以北大部分地区和西北大部，西南、华南南部，台湾大部分地区70%~90%，淮河到华南北部的大部分地区50%~70%，集中在5—9月。近代的几次著名水灾，如长江1931年和1954年大水、珠江1915年大水、海河1963年大水、淮河1975年大水等，都是这种类型的洪水。

此外，在山区河流上，在地震发生时，有时山体崩滑，阻塞河流，形成堰塞湖。一旦堰塞湖溃决，也形成类似的洪水。这种堰塞湖溃决形成的地震次生水灾的损失，往往比地震本身所造成的损失还要大。

洪水是一个十分复杂的灾害系统，因为它的诱发因素极为广泛，水系泛滥、风暴、地震、火山爆发、海啸等都可以引发洪水，甚至人为的也可以造成洪水泛滥。受气候地理条件和社会经济因素的影响，对居住在中国南方潮湿多雨地区的人们来说，洪水已经成为一个定期出现的灾难性事实。春夏季，长江流域经常出现洪灾。

中国的洪涝灾害具有范围广、发生频繁、突发性强、损失大的特点。除沙漠、极端干旱地区和高寒地区外，中国大约2/3的国土面积都存在着不同程度和不同类型的洪涝灾害。年降水量较多且60%～80%集中在汛期6—9月的东部地区，常常发生暴雨洪水；占国土面积70%的山地、丘陵和高原地区常因暴雨发生山洪、泥石流；沿海省、自治区、直辖市每年都有部分地区遭受风暴潮引起的洪水的袭击；中国北方的黄河、松花江等河流有时还会因冰凌引起洪水；新疆、青海、西藏等地时有融雪洪水发生；水库垮坝和人为坝堤决口造成的洪水也时有发生。

洪水常威胁沿河、滨湖、近海地区的安全，甚至造成淹没灾害。在各种自然灾难中，洪水造成死亡的人口占全部因自然灾难死亡人口的75%，经济损失占到40%。更加严重的是，洪水总是在人口稠密、农业垦殖度高、江河湖泊集中、降雨充沛的地方，如北半球暖温带、亚热带。

"洪水"一词，在中国出自先秦《尚书·尧典》。该书记载了4000多年前黄河的洪水。据中国历史洪水调查资料，公元前206年至1949年间，有1092年有较大水灾的记录。中国幅员辽阔，各地气候、地形、地质特性差异很大。如果沿着400毫米降雨等值线从东北向西南画一条斜线，将国土分作东西两部分，那么东部地区的洪涝灾害主要由暴雨和沿海风暴潮形成；西部地区的洪涝灾害主要由融冰、融雪和局部地区暴雨形成。此外，北方地区冬季可能出现冰凌洪水，对局部河段造成灾害。

洪灾产生，除受大气环流天气系统的宏观控制，使暴雨频繁集中等自然地理因素和洪水组合遭遇外，成灾地区、范围，洪水发生频次，灾害损失程度等

受防洪能力、效果，生产生活方式等人类活动因素影响亦大。中国、孟加拉国是世界上水灾最频繁、肆虐的地方，美国、日本、印度和欧洲也较严重。洪水所到之处，房屋倒塌，工业设施受损，人员遭受淹没之苦，城市积水不退，甚至长至数月。中国历史上的特大洪水造成的灾难触目惊心，1991 年和 1998 年的特大洪水，受灾人口过亿，数十个城市泡在水中，交通瘫痪，供电及电信中断，饮用水污染，死亡近千人，直接经济损失数百亿元，间接经济损失数千亿元。

洪水的形成及级别划分

洪水的形成过程

洪水一般是由河流泛滥造成，下面以"河水暴涨"为例来分析洪水产生的过程。所谓"河水暴涨"，指水量突然增加且下冲速度极快。至于其形成原因，多半是局部地区出现又急又大的暴雨，河水宣泄不及因而往下暴冲。

一般山林与原野下雨时会吸收水分，超过吸收量的水累积在地表凹处，或者从斜坡"表面流出"。如果此时继续下大雨，降落地面的雨水即使进入凹地也会溢出来，形成"短期流出"。

刚开始下雨雨水会渗入山野，形成地下水。地下水也会流动，但速度缓慢，成为"长期流出"。如果是在地表较浅处流动，则是"中间流出"。一般而言，登山客喝的泉水，通常是山中岩石下方"长期流出"的水。

土壤会吸收雨水，扮演类似"水库"的角色。特别是森林地面许多落叶与枯枝，发挥类似茅草屋顶渗水的功能，让掉落森林的雨水慢慢往下渗透，成为地下水。这就是森林能"涵养水源"的原因。

"短期流出"最常出现在陡坡，雨水来不及被泥土吸收就流入河川。然后，

111

因为坡度陡峭，山上的枯枝与枯叶被雨水冲刷下来，很容易卡在大岩石或桥梁下方，形成天然水坝。

天然水坝拦住的水愈来愈多，一旦超过其承受程度，就会溃堤，瞬间暴发洪水。最严重的会出现比人还高的"水墙"，轰隆往下压。如果河水暴涨又掺杂泥石流，就会造成更严重灾难。

洪水的级别划分

在江河堤防防洪和抢险工作中，一般把达到或接近警戒水位（流量）、水库入库洪峰流量重现期达到 2 年一遇及其以上时作为洪水发生的标准。

（1）水利部门通常将洪水分为：10 年一遇的洪水为常遇洪水，10～50 年一遇的洪水为大洪水，大于 50 年一遇的洪水为特大洪水。

（2）大江大河的干流及主要支流，小于 20 年一遇的洪水为常遇洪水，20～100 年一遇的洪水为大洪水，大于 100 年一遇的洪水为特大洪水。

（3）一般以洪水的洪峰流量（大江大河以洪水总量）的重现期作为洪水等级划分标准。分为一般洪水、较大洪水、大洪水、特大洪水四个等级。

一般洪水：重现期小于 10 年。较大洪水：重现期 10～20 年。大洪水：重现期 20～50 年。特大洪水：重现期超过 50 年。

洪水灾害来临的征兆

根据历史洪水和现有研究，可以为洪水预报提供一定的理论依据，洪水预报，尤其是长期和超长期的洪水预报是一个长期令人困惑的难题。这里一个重要的原因是洪水发生前的征兆或迹象即洪水前兆难以认识和掌握。事实上，和地震发生前具有前兆一样，洪水发生前也会出现一些明显的前兆。这些前兆包括洪水形成的影响因素，以及有关的现象。由于它们的出现预示着一个地区将来可能发生洪水，因而都是洪水的前兆信息，对洪水预报具有重要的指示作用。

洪水前兆是客观存在的，只是目前的认识水平还很有限。因此在利用洪水前兆进行洪水预报时，尤其要注意两点：一是对洪水前兆必须进行综合分析，因为洪水是各种影响因素综合作用的结果，当然洪水前兆越多，信号越强，那么洪水量级越大；二是对洪水前兆必须进行去伪存真，因为在观测到的大量异常现象中，既包含了洪水前兆信息，也可能包含了一些与洪水无关的其他信息。随着资料的积累和认识的深入，洪水前兆无疑将成为提高洪水预报精度的突破口之一。

强 势 台 风

强台风可能引发海啸，使沿岸地区海平面上升以至水淹陆地。台风暴雨造成的洪涝灾害，是最危险的灾害。它来势凶猛，破坏性极大。洪水不但淹没房屋，造成大量人员伤亡，而且还卷走居住地的一切物品。洪水淹没农田，毁坏作物，导致粮食大幅度减产，从而造成饥荒。洪水还会破坏厂房、通信与交通设施，损毁水利工程，洪涝灾害可引发滑坡、泥石流、疫病等的出现。

上游或本地连降大雨

（1）上游连续强降水，可导致下游的雨量与本地区降水不成比例。

（2）本地连续降雨，多日不停，就应高度警惕。

持续地区性降雨、暴雨，容易发生区域性的水灾，应充分做好防灾准备，住在低洼地区的居民应考虑转移到安全的地方。

高山融雪及冰凌

初春融雪及融冰期，容易发生突发性水灾。

（1）融雪洪水主要发生在高纬度积雪地区或高山积雪地区。当高山地区积雪偏多偏厚，入春后遇上急剧升温天气的影响，极易发生融雪洪水。

（2）冰凌洪水主要是指流向高纬度的河段，使河段处于不同的纬度位置，会导致结冰期和融冰期有先后之别，如果流向高纬度的河段被结冰部分阻塞，会发生冰封河道，导致水灾。

防范洪水的措施

中国部分地区常常发生强度大、范围广的暴雨，而江河防洪能力又较低，因此洪涝灾害的突发性强。严重的水灾通常发生在江河湖溪沿岸及低洼地区，遇到突如其来的水灾，该如何自救逃生呢?

洪水来前的准备工作

洪灾往往发生在沿海地区、河谷等地，对于这些地带的居民来讲，如果出现持续大雨或者特大风暴，就必须警觉，以防洪水泛滥。具体来讲，可做以下准备。

（1）积极收集信息。现代通信设备已经比较发达，信息传递快捷简便。雨季来临时，一定要多多收听新闻，关心洪水警报，以求最全面了解水面可能上涨到的高度和可能影响的区域。

（2）做好防御准备。洪水来临之前，往往有充分的警戒时间。暴雨过后，虽然在短时间内可能会出现激流，但是形成洪水的时间是相对较长的。面对可能发生的洪灾，应该在房屋外面筑起一道防水墙。建造防水墙的材料最好采用沙袋，也就是用麻袋、米袋、面袋等不易被撕破的袋子装入沙石、碎石、煤渣等。做好这项准备后，还应该用旧地毯、旧毛毯、旧棉絮等塞堵好门窗的缝隙，以防水流泻入屋中。

（3）必要的物资准备。洪水即将来临时，应该准备好充足的物资，这样就可以大大提高避险的成功率。首先应该准备好通信设备，以便及时了解各种相

115

关信息。其次应该准备好大量饮用水和食物，最好是罐装果汁和保质期长的食品。再次应该准备好保暖的衣物以及治疗感冒、痢疾、皮肤感染的药品。最后应该准备好可当做通信联络的物品，如手电筒、蜡烛、打火机、颜色鲜艳的衣物等，以防不测时当做信号。

（4）学会制作简易逃生工具。洪水一旦发生，极可能一发不可收拾，其破坏力人力难以抵抗。这就要求，平时要学会制作水上逃生工具，可以采用一些入水可浮的东西，如用木床、木梁、衣柜等绑扎成木筏，也可以用体积大的油桶、储水桶等做成简易小舟。此外，还可以用足球、篮球、排球等浮力较好的物品做成紧急救生圈。

（5）尽量学会游泳。即使在没有发生洪灾的情况下，游泳也可锻炼身体，强健体魄。当洪灾来临时，会游泳的人比不会游泳的人存活的概率要大得多。

洪灾自救措施

洪水波及范围比较广，当洪水来势凶猛，我们来不及转移时，就会被洪水围困。这时，我们千万不能坐以待毙，应该积极行动起来进行自救。

（1）向高处转移。要采取就近原则，迅速向山坡、楼房、避洪台等高地转移，或者马上爬上屋顶、楼房高层、大树、高墙等高的地方暂避，等候救援人员营救。

（2）关闭一切开关。洪水到来前，如果时间允许的话，出门时要记住关闭煤气阀、电源总开关等。如果时间充足的话，还可以把贵重物品收藏到柜子里，以免家产被水流冲走。

（3）充分利用救生器材。被洪水围困而避难的地方又难以自保时，应该充分利用可以逃生的器材，如门板、桌椅、木板凳做成简易木筏逃生。

（4）积极寻求救援。被洪水包围后，要设法尽快与救生部门取得联系，及时通报自己的方位和险情，积极寻求救援。在没有把握的情况下，不要轻易选择游泳逃生，这是因为洪水中可能出现漩涡，或者暗藏对人体造成伤害的物品。

（5）尽力让自己漂浮起来。如果洪水突然降临，来不及逃生，千万不要惊慌，你可以头部向上，两手侧平伸，让身体平躺下来，这样就不容易被卷到水底，还可保持呼吸。同时应该注意，头部应与上游方向一致，这样在洪水下冲时头部不容易受伤，还可以观察周围的情况。当身体随洪水漂流时，应该见机行事，手脚尽可能钩住、抓住身旁固定的物体，使身体停止随波逐流。如果找不到固定物体，也应该尽可能抓住身边的漂浮物以自救。

（6）远避高压线。洪水往往造成高压电网短路、漏电，当你看到周围有高压线头下垂时，一定要立即远避，防止直接触电或因地面"跨步电压"触电。

洪水过后的注意事项

洪灾后留下的隐患甚至比洪灾发生时造成的危害还要严重，我们必须时刻提防。洪水过后，很多东西都被摧毁，可能到处都是废墟和动物尸体。这个时期，人们可能缺少食物。需要注意的是，千万不能吃那些动物尸体，因为动物尸体经过水的浸泡和污染极可能已经腐烂或者发生病变，正确的做法是及时将动物尸体掩埋或者烧掉。洪水过后很多淡水也可能被污染，在饮用前必须彻底

消毒。

洪水后出现食物中毒

洪水之后，一些人可能饥不择食，乱吃一些被污染过的食物，最终导致食物中毒。食物中毒的人可能出现恶心、呕吐、腹泻等症状，严重时还会脱水和血压下降而导致休克。

一般来说，轻度食物中毒可自愈，严重者则必须尽快送往医院，由医生处理。预防食物中毒，应该了解哪些食物可能引起食物中毒。洪水过后，除了一些密封类食物外，凡是被洪水浸泡过的食物都不能轻易食用。已经死亡的畜禽、鱼虾，腐烂的蔬菜、水果都不能吃。严重发霉的大米、小麦、玉米、花生等粮食以及剩饭剩菜、生冷食物都不能吃。此外，对于来源不明的没有用专用食品容器包装的或者没有检验合格标志的食品也不要吃。值得注意的是，洪灾过后应该及时清理被浸泡的食品加工场所，如食品厂、食堂、家庭厨房等。

洪水后遭到动物、昆虫伤害

洪水期间，一些原本安逸生活的动物和昆虫，如蛇、狗、蜂、蚂蟥等常常会四处活动，如果不幸被这些生物咬伤、螫伤，轻者可发生局部瘙痒、疼痛、皮肤过敏，重者则全身不适，甚至危及生命。

如果被蜂、蝎子、蜈蚣螫伤，应立即将伤口残留的螫刺剔除，然后进行消毒处理。如果被毒蛇咬伤，在送医院之前应该先进行应急伤口处理，可以用止血带扎紧伤处上方，防止毒汁向全身扩散。同时，还应尽量挤出或吸出伤口中的毒汁。处理时，可以用手挤压伤口使毒液渗出，也可以用口反复大力吸出伤口的毒液，但需要注意的是必须边吸边吐，边用清水漱口。如果被蚂蟥叮住，最好不要硬行拔掉，以免蚂蟥吸盘留在皮肤里造成感染。可在蚂蟥叮咬住的部位上方轻轻拍打，或者用食盐、酒精、烟油等撒在蚂蟥的身体上，使蚂蟥放松吸盘自行脱落。如果被猫狗等动物攻击导致皮肤受伤，则应该立即用清水清洗伤口，并及时把伤口处的血液挤出一部分，然后（在 72 小时内）接种狂犬疫苗。

洪水后皮肤感染的处理

很多人在洪灾期间饱受洪水浸渍，时间一长就可能将皮肤浸泡糜烂，严重时还可能造成局部感染和溃疡。人的手指、脚趾间的部位长期泡在温湿污浊的水中，可能出现红斑、丘疹，严重时还会出现水疱，甚至肿胀。出现这些情况后，首先应该用扑粉扑于洗净晾干后的患处，或于轻度糜烂处用3%的硼酸粉湿敷，待干燥后外用激素或抗生素软膏涂擦即可。如果情况难以得到改善就必须尽快前往医院就诊，在医生指导下用药物控制感染。

洪灾记忆

14 世纪中国大水灾

中国 1324 年以后的近百年间，全国各地经常发生水灾。山东、河北等地江河泛滥，庄稼漂损；河南开封、兰考、濮阳、广东顺德等地也大雨成灾，死伤无数。另外，云南、甘肃、江西、陕西、元大都等地均有水灾，造成饥荒。肆虐的水魔给人民带来了深重的灾难。

中国元朝（1271—1368 年）建都大都，版图辽阔，水灾几乎每年都有记载，发生水灾的范围也相当广泛。如 1324 年（泰定元年）全国各地发生大水灾。四月，地处西南的云南中庆、昆明遭受水涝灾难；五月，甘肃陇西县大水灾，500 余家人丧生。江西吉安、浙江杭州、陕西延安、京城大都等地均有水灾，造成饥荒。六月至七月，山东、河北一带的水灾尤其严重。六月，山东 20 余县大雨水，其中菏泽、德州等 10 余县久雨成灾，农业遭受很大损失；七月，河北等地有 30 余县连续阴雨达 50 多天，造成江河泛滥，庄稼漂损。另外，河南开封、兰考、濮阳、广东顺德等地也都大雨成灾。1325 年，全国各地继续遭受大水灾。该年正月开始，广东肇庆、高要，大都宝坻县（今津宝坻），巩昌路（今甘肃陇西），雄州（今河北雄县），棣州（今山东惠民县）等地开始闹水灾；二月，甘州（今甘肃张掖）水灾，人畜漂没；三月，咸平府（今吉林开原县）河水决堤泛滥；五月，浙西诸郡大雨水，大都路檀州（今北京密云县）大雨水，平地水深一丈五尺，汴梁路（今河南开封）十五县河溢；六月，通州三河县大雨，水深丈余，四川潼川府（今三台县）江河泛滥，洪水涌入城内，深达丈余。1344 年（元至正元年）黄河决口，平地水深两丈，霸州（今河北霸县）大水，大饥，人相食；浙江、山东等地均大水成灾。

在元代的 90 多年时间里，一些水灾导致严重的灾难，主要有：1297 年（元贞三年），和州历阳县（今江西和县）长江暴涨，漂没庐舍 1.85 万余家；池州（今安徽贵池县）大水，澧州（今湖南澧县）、常德、饶州（今江西鄱阳）以及浙江温州等地大水，死亡 6000 余人；1308 年，山东济宁大水，平地水深一丈余，洪水暴决入城，城内居民死亡十之七八；河北真定路（今河北正定）大水，洪水冲入南门，死亡 180 多人；1310 年湖北襄阳、峡州（今宜昌市）、荆门等地大水，引起山崩和泥石流，官署、衙门、庙宇、民房等被破坏 2.1 万多间，共有 3400 多人死亡；另外，河南汝州（今临汝县）大水灾，92 人死难；1316 年婺源州（今安徽婺源县）大水，山洪暴发，溺死 5300 余人；1333 年（元统元年），京城附近大霖雨，平地水深一丈余，饥民达 40 万；1337 年（至元三年），卫辉路（治今河南汲县）淫雨一月有余，丹河、沁河同时泛涨，与护城河相通，漂没民居，平地水深二丈余，灾民大部栖居树上，老弱病残则移居城头，大水月余方退；1338 年（至元四年），福建邵武路大水，城内洪水泛滥"漂沿溪居民殆尽"；最为严重的山洪灾难为 1339 年，福建长汀路长江县骤雨，山洪暴发，水深达三丈，溺死居民达 8000 余人；1340 年，处州（今浙江丽水）松阳、龙泉二县久雨成灾，洪水涨入城内，溺死 500 多人；1342 年六月的一天夜间，济南山洪暴发"漂没民居千余家，溺死者无算"；1348 年（至正九年）中兴路（今湖北江陵）松滋县骤雨，洪水暴发，漂没 60 余里，15 000 人丧生；1352 年（至正十二年）松滋县再次暴雨成灾，漂没民居 1000 余家，溺死 700 余人。

1889 年美国约翰斯敦大水灾

1889 年 5 月 31 日，位于美国宾夕法尼亚山，高出约翰斯敦的水库堤坝崩裂，56 亿加仑重 5000 万吨的水压崩山谷，约翰斯敦几个城镇变成废墟。约有 2000 人丧生，损失约 1200 万美元。

宾夕法尼亚的约翰斯敦在几十年间曾多次遭到康莫夫河及支流斯多里河的洪灾。在约翰斯敦这个繁荣的钢铁城市流传着一个笑话，水开始出现在街头时，人们都说同一句老掉牙的话："堤坝崩裂了——到山上去吧！"说完人们就付之一笑。

在山峡顶上的堤坝一直不漏。它拦住康莫夫湖。平静的湖水畅流而下，水流长5千米，宽2千米，深30米。这是人工湖，已经让南夫克渔猎俱乐部所属的匹兹堡百万富翁们专门使用。1883年福尔斯特提议：将它作为宾夕法尼亚铁路运河的水位。水库于1852年完工，后来五年不用，损失25万美元，500公顷的土地和水浪费了。1875年，约翰·雷利买下这块地，5年后改成乡村俱乐部。俱乐部由三人组成，他们的负责人是B.F.鲁弗上校——一位富有的铁路和地道承包人。按照他的命令，溢洪道修在底部以防止能捕获的鱼逃掉。这样，上涨的水只能通过顶部的木水槽排掉。一个不高明的工程师都知道，这是一桩会造成灾难的蠢事，但金融巨头要的是钱，筑坝只用了17 000美元。毫无疑问，他们的省钱造成了几千人死亡。

康纳莫夫山峡的所有人都不知道灾难将要临头，只有俱乐部的一位客人——约翰G.帕克工程师在阴雨连绵时，好奇地连续两天观察水库上涨。1889年5月31日正午下了20分钟的暴雨，水库涨了3英寸。帕克把俱乐部的一些工人动员起来，指挥他们在坝的周围挖新的溢洪道排水。当他看见一些旧的、无用的小石楔开始从坝顶滚下时，他知道情况不妙，跳上马逃到两英里外的南夫克。他告诉居民，堤坝要裂。帕克确实在下午3时过几分发了两封电报：一封发到戈梯尔厂（又称坎布拉市），因为那里坎布拉铁厂有6000工人，另一封发到约翰斯敦。然后他和南夫克的2000居民一起扛着能拿的、值钱的东西，越过谷坡。戈梯尔厂和约翰斯敦无人得到帕克的预告。洪水已经出现，在两个城镇，几根倒下的电线杆切断了通信线路。在约翰斯敦，洪水已经淹了大部分楼房的第一层。尽管已发出预告说，此事会发生，居民还是像往常一样，只搬到二楼等待情况改变。

到匹斯堡的电话线中断时，洪水已经到达约翰斯敦。坝上的破石块不断流下，坝中间形成7米宽的缺口。湖水涌出使缺口扩大，近137米的堤坝立即崩塌。据在堤坝的一个目击者说：“响声比尼亚加拉瀑布的声音还要大。”38米高的水流以每小时80千米的速度奔下山谷，冲毁了南夫克每一间房屋。幸亏，这些房屋在得到预告后就撤空了。

深谷下方一英里（约1610米）处，洪水像只猛兽一样扑向矿泉角，40多间房屋被冲毁，被洪水淹死的16个人的尸体在滚滚流水中漂荡。洪水将梅雷迪思教学基地一起冲走。

洪水翻腾着直奔康纳莫夫。这里，灾难的首次预告不是洪水的咆哮声，而是刺耳的火车汽笛声。在城外半英里处，一位火车头司机一直把货车车厢运出狭长的康纳莫夫停车场。他看见洪水涌到他的背后，冲进城里。他用汽笛疯狂地发出灾难预告。这位司机跳下还在前进的火车头，跑到家中，带走一家人越过山坡，脱离了危险。他的行为使坐在两列火车车厢里准备离开的许多旅客迷惑不解。

康纳莫夫完全淹没在汹涌的洪水中，但居民们仍然顽强地与洪水搏斗。一间从矿泉角漂来的房子撞在山坡上。康纳莫夫的居民用手和钩抓住房子，直到被困在房顶上的五个人跳到安全地点。

下一个不幸的城镇是伍德维尔。由于这个区位于比上游的城镇更陡的山坡上，它一瞬间就被几十亿吨瀑布似的洪水淹没。800座建筑物被水卷起。估计，伍德维尔有5000居民，但死亡人数无法确定，至少有一半人葬身洪水。

再下一个是山谷中最大的城市——约翰斯敦，有12 000居民，它三角形的建筑群的一端直接指向不可抗拒的洪水。这座城市突然被洪水吞没，使历史学家和科学家感到震惊。在几秒钟内成十成百的建筑物和居住者被洪水卷走。一座石砌基督教青年会大厅崩塌了。一座巨大的建筑物——德国路德教堂崩塌变成一堆碎石。市里的所有建筑物都倒塌。约翰斯敦第一流旅馆——砖砌的赫伯

特宾馆变成废墟。经理刚刚来得及带着厨房工作人员和服务员跑去叫居住人员到楼顶去，然后他和职员都脱险。多数惊恐的客人（大约 60 人），困在第三级楼梯上被淹死，只有一人幸免。

在这个半英里长的阻塞带里挣扎着成千上万不幸的人们，用绳子也无法拉住他们。乱堆中突然冒出火来，成百上千的人爬上碎片堆，费力地上了岸，又被困在咆哮的洪水和大火之间。一份报告说：200 多人跳到火中集体自杀。

约翰斯敦大洪水退了，但有 2500～7000 人丧生。7500 名工人用了 3 个月的时间才把废墟清理干净，将发现的尸体埋掉，800 人埋葬在一个公墓里，不知姓名，未作标记。

1913 年美国大水灾

1913 年 3 月末，洪水淹没了美国伊利诺伊、印第安纳，特别是俄亥俄州的大片土地。代顿、哈密尔顿、皮奎、齐良亚、曾斯维多等城市的生命和财产损失严重。暴雨使赛欧托、马德、迈阿密、穆斯金格姆等河水泛滥。500 人在大水中丧生，数百人失踪，损失达 4700 万美元。

1913 年 3 月末，暴雨使河水上涨，冲决河堤，冲刷几十年曾免受水灾袭击的城镇。3 月 25 日，代顿的迈阿密河决堤，接着 67 条河堤崩决。

几分钟后，代顿就被淹没在 7～12 英尺（1 英尺≈0.3 米）深水中，许多建筑物倒塌。该城的灾难数小时不为外界所知，因为与外界联系的最后一条电话单线在大水的压力下断了。几条河流都泛滥了，并在该城附近汇合。12.5 万居民迅速跑上屋顶或树上。

洪水使代顿地区的居民猝不及防，许多人被冲到街上。洪水冲断电话线路前，两名话务员急急忙忙地向附近黎巴嫩城发话通报代顿的灾情。

特洛伊和塔格摩尔两城，完全被水淹没。3 月 25 日，俄亥俄河堤全线崩决。赛欧托河经普兹茅斯流入俄亥俄河，在俄亥俄中央分水线段上涨，河水冲入普兹茅斯以及哥伦布、瑟克尔斯维尔等城。印第安纳州的沃巴升河和怀特河也相继泛滥，造成生命财产重大损失。

市内的一些古老建筑物，如阿凯大厦、科诺佛大厦、库赫恩大厦、卡拉汉银行、联合出版公司大楼，经受住了洪水的袭击。大约7000居民在这些地方避难。国家货币注册工厂被临时改为医院和救灾中心。

《芝加哥报》的年仅18岁的新闻记者柏恩·赫奇特，是第一个到达代顿报道灾情的记者。他发往《芝加哥报》的第一封电报描述了12名电报报务员坚守岗位30小时的情况。"他们也是洪水中的英雄。经他们手发出成千上万封电报，他们日夜坚守岗位。一些人由于过度疲劳而倒在地上。"这些报务员当然不知道，他们的家里人是否安全。这位新闻记者在另一篇文章中讲述了他采访时的经历："我在小船上待了一天，在代顿的洪水里划来划去，会见船员和收集灾情的素材。到了晚上我倒下睡着了。营救人员发现了，把我送到了国家货币注册大楼，红十字会在这里成立指挥中心。我醒来时，发现自己穿上了睡衣，脖子上还挂着签子。我大吵大嚷，可护士不让我出院，直到我对大夫说清楚我是新闻记者，还要写一篇报道发在报纸第一版上时，他们才让我出去。"

当代顿的洪水开始消退时，慷慨大方的公民拿出自己的衣服提供给难民，难民可以免费领到食物的情景比比皆是。

俄亥俄州大部分地区与代顿受到洪水的袭击大致相同。一列火车驶过俄亥俄州，乘客们在高高的路基上目睹了洪水淹没托莱多附近的情景。灾民们涉过湍急的大水，来到火车旁，请求司机把他们带到托莱多。他们满眼泪水，哭诉着财产的损失。寒风习习，当他们爬上火车时，有人已经冻僵了。然而托莱多的低洼地也被洪水淹没了。

新开辟的纽约——芝加哥特快车不断处在被奔腾的大水冲出轨道的危险中。司机可看见铁轨的许多地段被水淹没，他不得不好几次停车下来查看轨道是否稳固，然后才继续行驶。有许多次，火车一过，铁轨便被大水冲开了。一名乘客在俄亥俄州的利马附近，看到"成百上千的人走在铁轨上，水漫过膝盖，随

身携带家中最贵重的财物。妇女哭嚷。许多家庭坐在小船上，船装载过重，看起来随时有可能倾翻似的。"特快车经过印第安纳州的韦恩堡站，乘客看到"水已涨到二楼，许多房子被淹。车上架起临时月台让乘客下去，但许多人不愿下去"。

俄亥俄州的特拉华大学生表现了无数英雄主义的行为。一个不知姓名的大学生，不知疲倦似的游到急流中，营救了30人。一个妇女和她的3个孩子吊在公路桥上，一船学生顶着湍急的大水前去营救。这家人一个接一个跳进学生的船里。

在俄亥俄州的普罗斯佩克，一位牧师向一个农民借了一只小船，在一名从马里恩来的新闻记者的协助下，划动小船营救了十多个妇女和儿童，因船太小，一次只能载两个，到了下午，这个农民站在山脊上，要他们归还小船。

"你疯啦？"记者说，"我们正用它救人呢！"

"我在对岸有事。"农民简短地说。经牧师再三恳求，农民才应允了。记者和牧师把农民划过岸后，又划了回来继续抢救灾民。可是一股急流涌来，使小船急骤旋转，翻沉了，两个人都被淹死了。

在洪水期间，有些人失去了理智。马丁·埃尔斯和他的妻子在代顿一家旅馆里避难。从二层楼的窗子，夫妻俩看到洪水吞没许多人和牲畜，可怕的场面一个接一个。马丁的妻子想到家中的四个孩子可能已被淹死，而伤心哭泣起来。丈夫极力安慰她，可这个歇斯底里的妇女突然跳进水里，便被大水冲走淹死了。这是早上8时50分发生的，当时代顿上游的别墅斯顿水库的大坝决口。用马丁的话说："大水像一张床单一样向东游去，经过这个城市，人们跑上屋顶，像苍蝇一样被抹掉。我的四个小孩在家里，住在北大街。我们看到自己的房子被淹了。我的妻子受不了，便跳……"

这是20世纪第三次最为严重的洪水。俄亥俄河1609千米的盆地被淹，大约500人丧生。仅俄亥俄州就有17.5万人无家可归，整个地区损失达4700万美元。

灾情发生后，红十字会和全国公民为灾区提供了大量的物资、资金，以援助受灾居民。

1998 年长江大洪水

1998 年汛期，长江上游先后出现 8 次洪峰并与中下游洪水遭遇，形成了全流域型大洪水。

6 月 12—27 日，受暴雨影响，鄱阳湖水系暴发洪水，抚河、信江、昌江水位先后超过历史最高水位；洞庭湖水系的资水、沅江和湘江也发生了洪水。两湖洪水汇入长江，致使长江中下游干流监利以下水位迅速上涨，从 6 月 24 日起相继超过警戒水位。

6 月 28 日—7 月 20 日，主要雨区移至长江上游。7 月 2 日宜昌出现第一次洪峰，流量为每秒 54 500 立方米。监利、武穴、九江等水文站水位于 7 月 4 日超过历史最高水位。7 月 18 日宜昌出现第二次洪峰，流量为每秒 55 900 立方米。在此期间，由于洞庭湖水系和鄱阳湖水系的来水不大，长江中下游干流水位一度回落。

7 月 21—31 日，长江中游地区再度出现大范围强降雨过程。7月 21—23 日，湖北省武汉市及其周边地区连降特大暴雨；7 月 24 日，洞庭湖水系的沅江和澧水发生大洪水，其中澧水石门水文站洪峰流量每秒 19 900 立方米，为 20 世纪第二位大洪水。与此同时，鄱阳湖水系的信江、乐安河也发生大洪水；7 月 24 日宜昌出现第三次洪峰，流量为每秒 51 700 立方米。长江中下游水位迅速回涨，7 月 26 日之后，石首、监利、莲花塘、螺山、城陵矶、湖口等水文站水位再次超过历史最高水位。

8 月份，长江中下游及两湖地区水位居高不下，长江上游又接连出现 5 次洪峰，其中 8 月 7—17 日的 10 天内，连续出现 3 次洪峰，致使中游水位不断升高。8 月 7 日宜昌出现第四次洪峰，流量为每秒 63 200 立方米。8 月 8 日 4 时沙

市水位达到 44.95 米, 超过 1954 年洪水位 0.28 米。8 月 16 日宜昌出现第六次洪峰, 流量每秒 63 300 立方米, 为 1998 年的最大洪峰。这次洪峰在向中下游推进过程中, 与清江、洞庭湖以及汉江的洪水相遇, 中游各水文站于 8 月中旬相继达到最高水位。干流沙市、监利、莲花塘、螺山等水文站洪峰水位分别为 45.22 米、38.31 米、35.80 米和 34.95 米, 分别超过历史实测量高水位 0.55 米、1.25 米、0.79 米和 0.77 米; 汉口水文站 20 日出现了 1998 年的最高水位 29.43 米, 为历史实测记录的第二位, 比 1954 年一年水位仅低 0.30 米。随后宜昌出现的第七次和第八次洪峰均小于第六次洪峰。

1998 年洪水大、影响范围广、持续时间长, 洪涝灾害严重。在党和政府的领导下, 广大军民奋勇抗洪, 新中国成立以来建设的水利工程发挥了巨大作用, 大大减少了灾害造成的损失。全国共有 29 个省 (自治区、直辖市) 遭受了不同程度的洪涝灾害。据各省统计, 农田受灾面积 2229 万公顷 (3.34 亿亩), 成灾面积 1378 万公顷 (2.07 亿亩), 死亡 4150 人, 倒塌房屋 685 万间, 直接经济损失 2551 亿元。江西、湖南、湖北、黑龙江、内蒙古、吉林等省 (区) 受灾最重。

第七章

气象灾害之雷电

在任何时刻，世界上都有约1800场雷雨正在发生，每秒大约有100次雷击。在美国，雷电被列为排名第二的天气杀手，雷电每年会造成大约150人死亡和250人受伤。全世界每年有4000多人惨遭雷击。雷电如此可怕，因此，在雷雨季节，我们随时都要有防雷和自我保护的意识。

雷电是怎样形成的

雷电是伴有闪电和雷鸣的一种雄伟壮观而又有点令人生畏的放电现象。

雷电一般产生于对流发展旺盛的积雨云中，因此常伴有强烈的阵风和暴雨，有时还伴有冰雹和龙卷风。积雨云顶部一般较高，可达20千米，云的上部常有冰晶。冰晶的吸附，水滴的破碎以及空气对流等过程，使云中产生电荷。

云中电荷的分布较复杂，但总体而言，云的上部以正电荷为主，下部以负电荷为主。因此，云的上、下部之间形成一个电位差。当电位差达到一定程度后，就会放电，这就是我们常见的闪电现象。闪电的平均电流是3万安培，最大电流可达30万安培。闪电的电压很高，为1亿～10亿伏特。一个中等强度雷暴的功率可达一千万瓦，相当于一座小型核电站的输出功率。放电过程中，由于闪道中温度骤增，使空气体积急剧膨胀，从而产生冲击波，导致强烈的雷鸣。

带有电荷的雷云与地面的突起物接近时，它们之间就发生激烈的放电。在雷电放电地点会出现强烈的闪光和爆炸的轰鸣声。这就是人们见到和听到的闪电雷鸣。

　　雷电的大小和多少以及活动情况，与各个地区的地形、气象条件及所处的纬度有关。一般山地雷电比平原多，沿海地区比大陆腹地要多，建筑越高遭雷击的机会越多。

雷电的分类

雷击有极大的破坏力，其破坏作用是综合的，包括电性质、热性质和机械性质的破坏。根据雷电产生和危害特点的不同，雷电可分为以下四种。

直击雷

直击雷是云层与地面凸出物之间的放电形成的。直击雷可在瞬间击伤击毙人畜。巨大的雷电流流入地下，令在雷击点及其连接的金属部分产生极高的对地电压，可能直接导致接触电压或跨步电压的触电事故。

另外，直击雷的巨大的雷电流通过被雷击物，在极短的时间内转换成大量的热能，造成易燃物品的燃烧或造成金属熔化飞溅而引起火灾。

球形雷

球形雷是一种球形，发红光或极亮白光的火球，运动速度大约为每秒 2 米。球形雷能从门、窗、烟囱等通道侵入室内，极其危险。

雷电感应，也称感应雷

雷电感应分为静电感应和电磁感应两种。静电感应是由于雷云接近地面，在地面凸出物顶部感应出大量异性电荷所致。在雷云与其他部位放电后，凸出物顶部的电荷失去束缚，以雷电波形式，沿突出物极快地传播。电磁感应是由于雷击后，巨大雷电流在周围空间产生迅速变化的强大磁场所致。这种磁场能在附近的金属导体上感应出很高的电压，造成对人体的二次放电，也从而损坏电气设备。

雷电侵入波

雷电侵入波是由于雷击而在架空线路上或空中金属管道上产生的冲击电压沿线或管道迅速传播的雷电波。其传播速度为 324 米/秒。雷电侵入波可毁坏电气设备的绝缘，使高压窜入低压，造成严重的触电事故。属于雷电侵入波造成的雷电事故很多，在低压系统这类事故约占总雷害事故的 70％。

雷电灾害的预警

　　首先，当人们行走或处于空旷的场地或田野里，遇到黑压压的乌云，如果云层越来越低沉，似有黑云压顶之势时，就要担心雷电的来临了。这些现象是明显的，是容易感觉到的，每遇这样的情况，人们首先想到的就是如何找安全地方躲避，防止遭受雷击。

　　当雷电先导头部发展到接近人们的附近或头顶上方时，在强烈的雷电电场作用下，在人们头上会感应出很强的与雷电电荷极性相反的电荷。如果人们正好处于这个地区范围内，就会有头发、眉毛竖立起来的感觉，这就意味着雷击的危险正降临而来。如果人们没有来得及躲避到安全的地区，或者躲避的地方本来就不安全，那就有可能遭受雷击。

雷电灾害的防范措施

在雷雨季节，我们随时都要有防雷和自我保护的意识。我们要善于根据我们所处的地形环境、气象条件以及经验来观察、判断，我们是否处于危险之中。思想上一定要高度重视，不要认为只是偶然，不会发生在自己身上，更不要麻痹大意。另外，也不要惊慌失措、胆战心惊，而要沉着冷静，保持平常心态，积极应对。

如何预防雷击

防直击雷

防直击雷的主要措施是在建筑物上安装避雷针、避雷网、避雷带。在高压输电线路上方安装避雷线，一套完整的防雷装置包括接闪器、引下线和接地装置。上述的针、线、网、带实际上都只是接闪器。

接闪器是利用其高出被保护物的突出地位，把雷电引向自身，然后通过引下线和接地装置把雷电流泻入大地，以此保护被保护物免遭雷击。接闪器截面锈蚀30％以上时应予更换。如果引入线断了或接地装置接触电阻太大，避雷器不仅起不到防雷作用，还能吸引雷电，增加建筑物遭雷击的机会。因此，引下线应满足机械强度、耐腐蚀和热稳定的要求；应取最短的途径；要尽量避免弯曲，不得用铝线做防雷引下线。要教育孩子不要拉引下线玩耍。

防雷接地装置与一般接地装置的要求大体相同，在用建筑防直击雷的接地装置电阻不得大于10~30欧姆。

防雷装置承受雷击时，其接闪器引下线和接地装置都呈现很高的冲击电压，可能击穿与邻近导体之间的绝缘，发生剧烈的放电，这叫反击。由于反击，可能酿成火灾或爆炸事故，也可能引起人身事故。为了防止反击，必须保证接闪器、引下线、接地装置与邻近的导体之间有足够的安全距离（5～10厘米）。为了防止跨步电压伤人，接地装置距建筑物的出入口和人行道的距离不应小于3米。

防雷电感应

为了防止静电感应产生的高压，应将建筑物的镏金属设备、金属管道结构钢筋等予以接地。另外，建筑物屋顶也应妥善接地；对于钢筋混凝土屋顶，应将屋面钢筋焊成6～12米网络，连成通路，并予以接地；对于非金属屋顶，应在屋顶加装边长6～12米金属网络，并予以接地。

为防止电磁感应，平行管道相距不到0.1米时，每20～30米须用金属线跨接，交叉管道相距不到0.1米时也应用金属线跨接。管道与金属设备之间距离小于0.1米时，也应用金属线跨接。其接地装置也可以与其他接地装置共用，接地电阻不得大于5～10欧姆。

防雷电侵入波

为了防止雷电侵入波沿低电压线路进入室内，低压线路最好采用地下电缆供电，并将电缆的金属外皮接地。采用架空线供电时，在进户外装设一组低压阀型避雷器或 2 ~ 3 毫米的保护间隙，并与绝缘子铁脚一起接地。接地装置可以与电气设备的接地装置并用。接地电阻不得大于 5 ~ 30 欧姆。阀型避雷器装在被保护物的引入端。其上端接在线路上，下端接地。正常时，避雷器的间隙保持绝缘状态，不影响系统的运行，当因雷击，有高压冲击波沿线路袭来时，避雷器间隙击穿而接地，从而强行切断冲击波，这时进入被保护物的电压仅雷电流通过避雷器及其引线和接地装置产生的残压。雷电流通过以后避雷器间隙又恢复绝缘状态，以便系统正常运行。

新型防雷装置

雷击是一种严重的自然灾害，目前世界各国专家都在研究消除雷击的新技术，以提高防雷效率。经过多年努力，发明了一些新型装置。例如，电离防雷装置，放射性同位素避雷针，高脉冲避雷针，激光防雷装置，半导体少长针消雷器等，这些新型的防雷装置效能如何，还要靠实践来验证。

预防雷击的措施

雷击虽然是不可避免的自然灾害。但采取与不采取措施以及措施科学与否，其后果大不相同。如广西某地农民正在田间收花生，突然雷雨交加，几个男同志跑到附近岩洞中躲雨安然无恙，而 7 个妇女利用塑料薄膜搭起帐篷避雨。结果全被雷击中，其中 6 人当场死亡。

预防雷击的措施如下。

室内预防雷击

（1）电视机的室外无线在雷雨天要与电视机脱离，而与接地线连接。

（2）雷雨天气应关好门窗，防止球形雷窜入室内造成危害。

（3）雷暴时，人体最好离开可能传来雷电侵入波的线路和设备1.5米以上。也就是说，尽量暂时不用电器，最好拔掉电源插头；不要打电话；不要靠近室内的金属设备如暖气片。自来水管、下水管要尽量离开电源线、电话线、广播线，以防止这些线路和设备对人体的二次放电。另外，不要穿潮湿的衣服，不要靠近潮湿的墙壁。

室外如何避免雷击

（1）为了防止反击事故和跨步电压伤人，要远离建筑物的避雷针及其接地引下线。

（2）要远离各种天线、电线杆、高塔。烟囱、旗杆，如有条件应进入有宽大金属构架、有防雷设施的建筑物或金属壳的汽车和船只，但是帆布篷车和拖拉机、摩托车等在雷电发生时是比较危险的，应尽快离开。

（3）应尽量离开山丘、海滨、河边、池旁；应尽快离开铁丝网、金属晒衣绳；远离孤独的树木和没有防雷装置的孤立的小建筑等。

（4）雷雨天气尽量不要在旷野里行走。如果有急事需要赶路时，要穿塑料等不浸水的雨衣；要走得慢些，步子小点；不要骑在牲畜上或自行车上行走；不要用金属杆的雨伞，不要把带有金属杆的工具如铁锹、锄头扛在肩上。人在遭受雷击前，会突然有头发竖起或皮肤颤动的感觉，这时应立刻躺倒在地或选择低洼处蹲下，双脚并拢，双臂抱膝，头部下俯，尽量缩小暴露面即可。

遭到雷击后的措施

（1）人体在遭到雷击后一般会出现昏迷、假死等症状，应立即采取抢救措施，首先须马上进行人工呼吸，其次要对伤者进行心脏按压并立即通知医院进行抢救处理。

（2）如果伤者遭受雷击引起衣服着火，为避免火势蔓延全身，应迅速叫此人平躺，用衣服或厚毯子及浇水等为伤者灭火。

雷击记忆

2007 年 5 月 23 日下午 3 时许，重庆开县境内开始狂风大作，道道闪电撕破厚厚的乌云，暴雨铺天盖地袭来。4 时 30 分左右，雷暴袭击了位于义和镇山坡上的兴业村小学。当时该小学四年级和六年级各有一个班正在上课，一声惊天巨响之后，教室里腾起一团黑烟，烟雾中两个班共 95 名学生和上课老师几乎全部倒在了地上，有的学生全身被烧得呈黑色，有的头发竖起，衣服、鞋子和课本碎屑撒了一地。

一片狼藉的现场让闻讯赶来的其他老师震惊万分，7 个孩子已经死亡，轻重伤有 39 人。同时受到雷击的 48 个小学生不同程度存在雷击恐慌症，个别孩子出现每天抽搐甚至昏厥的现象。

害怕雷电、反应迟钝、性情变坏、身体虚弱、头昏乏力……惨剧已过去两个多月，上述反应仍不同程度地出现在雷击学生身上。小洁和苇苇表现最厉害，几乎每天都会昏厥。

提及那次雷击，苇苇最担心自己变笨，影响学习。从一年级到六年级，她每次考试班级第一。今年 7 月 3 日小学毕业考试，她语文 86 分，数学 93 分，很不满意。苇苇说，脑子转得没以前快了，情绪总提不起来。

苇苇的父亲说，女儿昏厥前，大都有征兆：呼吸急促，浑身没劲，心情烦躁，总想找个地方靠着或躺着。有时候昏厥却又毫无征兆，突然就仰面跌倒。

四年级学生小洁说起雷击，眼中依然充满恐惧："手竿疼，双脚麻，脑壳晕……"每次听到小洁开始呻吟时，爷爷、奶奶就得赶紧把她拉到床上，拽着她的腿和胳膊又搓又拍，按摩太阳穴，等着她安静下来。

小洁还偶尔抽搐，每次十几分钟。抽搐期间自己在做什么，她清醒后没有任何记忆。

同样，兴业村小学受伤幸存的 48 名小学生，几乎都反映出头晕、身体乏力、心情烦躁等。四年级学生小东看到天阴就躲进屋子，拿被套蒙住脑袋，死活不让开电灯和电视。六年级女生小英雷击后总喊身体发虚，爱出汗，头晕……

雷击发生后，经过几天至 20 多天不等的住院治疗后，孩子们陆续出院。医生说，经专家组检查鉴定，孩子们生命体征都完全恢复了正常。

受伤孩子多是留守儿童，听到雷击消息，家长们从全国各地赶回来。虽然医生说生命体征已恢复正常，但父母发现孩子依然喊头疼。家长们找到医院，医生检查后坚持说正常。

6 月 4 日，小洁突然昏厥、抽搐。发作前后，她什么也不想吃，什么也不想做，躺在凉席上直喊"头疼、腿疼、胳膊疼"。吴父给开县人民医院打电话，医生也不知道该怎么办。在村卫生室当医生的姐夫舒祖全找到自己老师，商量着开出药方，药水一瓶一瓶地注进小洁体内，可病情依然不见好转。

6 月 17 日，小洁与爷爷来到新桥医院神经内科诊治。专家通过脑电图检查，依然没有发现任何异常，医生只得在诊断书上写下：雷击伤后，癫症，以及一个大大的问号。

随后，苇苇到医院检查，依然没有发现异常。医生诊断结果同样是：雷击伤后，癔症，以及一个问号。

为何检查正常，但孩子却变化剧烈？一时间，"天打五雷轰"的习惯说法让村民不安。

罗廷琼在兴业村卫生室负责抓药，她女儿小平也在雷击中受伤，出院后常

喊头疼，睡觉和上厕所都要大人陪。看医生、吃补品不见效，罗廷琼突然想起女儿住院时，医院组织过卫生学校学生来病房，给孩子们做游戏、唱歌、讲故事，感觉当时孩子情绪有所好转。

受到启发，罗廷琼尝试着给孩子唱歌、讲故事，玩藏猫猫游戏。孩子情绪果然好些了，脸上渐渐有了笑容。于是，村里其他家长纷纷效仿，并感觉到"打针吃药，好像都没有逗娃娃开心管用"。

小洁的父亲吴宗林说，孩子雷击后最喜欢躺在床上，于是他花580元钱在女儿床头装了一部红艳艳的电话，天天都和女儿通一阵电话，聊天讲故事。一个多月后，吴宗林感觉女儿的心情好了很多，发病次数也有所减少。

第八章
气象灾害之冰雹

冰雹灾害是由强对流天气系统引起的一种剧烈的气象灾害。中国是冰雹灾害频繁发生的国家。冰雹每年都给农业、建筑、通信、电力、交通以及人民生命财产带来巨大损失。那么如何预测冰雹和预防冰雹呢？

冰雹是如何形成的

　　冰雹，也叫做"雹"，俗称雹子，有的地区叫"冷子"，夏季或春夏之交最为常见。冰雹是一种固态降水物，是圆球形或圆锥形的冰块，由透明层和不透明层相间组成。直径一般为 5～50 毫米，大的有时可达 10 厘米以上。它是一些小如绿豆、黄豆，大似栗子、鸡蛋的冰粒，特大的冰雹比柚子还大。冰雹常砸坏庄稼，威胁人畜安全，是一种严重的自然灾害。我国除广东、湖南、湖北、福建、江西等省冰雹较少外，各地每年都会受到不同程度的雹灾。尤其是北方的山区及丘陵地区，地形复杂，天气多变，冰雹多，受害重，对农业危害很大，猛烈的冰雹打毁庄稼，损坏房屋，人被砸伤、牲畜被砸死的情况也常常发生。因此，雹灾是我国严重灾害之一。

　　很多雹灾严重的国家已进行了人工防雹试验。

雹块越大，破坏力就越大。冰雹降于对流特别旺盛的积雨云中，云中的上升气流比一般雷雨云强。小冰雹是在对流云内由雹胚上下数次和过冷水滴碰并而增长起来的，当云中的上升气流支托不住时就下降到地面。大冰雹是在具有一支很强的斜升气流、液态水含量很充沛的雷暴云中产生的。每次降雹的范围都很小，一般宽度为几米到几千米，长度为20～30千米，所以民间有"雹打一条线"的说法。冰雹主要发生在中纬度大陆地区，通常山区多于平原，内陆多于沿海。中国的降雹多发生在春、夏、秋3季，4—7月约占发生总数的70%。比较严重的雹灾区有甘肃南部、陇东地区、阴山山脉、太行山区和川滇两省的西部地区。

冰雹灾害预警

冰雹是春夏季节一种对农业生产危害较大的灾害性天气。冰雹出现时，常常伴有大风、剧烈的降温和强雷电现象。一场冰雹袭击，轻者减产，重者绝收。那么如何预测冰雹和预防冰雹呢？对于冰雹的预测，专家根据长期的实践，积累了比较丰富的预测冰雹的经验，只要掌握这几条要素，就能较准确地预知冰雹的到来，从而提前做防雹准备。这些要素是：

（1）感冷热。如果下冰雹季节的早晨凉、湿度大，中午太阳辐射强烈，造成空气对流旺盛，则易发展成积雨云而形成冰雹。故有"早晨凉飕飕，午后打破头""早晨露水重，后响冰雹猛"的说法。

（2）辨风向。下冰雹前常常出现大风而风向变化剧烈。农谚有"恶云见风长，冰雹随风落""风拧云转雹子片"等说法。另外，如果连续刮南风以后，风向转为西北或北风，风力加大时，则冰雹往往伴随而来，因此有"不刮东风不下雨，不刮南风不降雹"之说。

（3）观云态。各地有很多谚语是从云的颜色来说明下冰雹前兆的，例如"不怕云里黑乌乌，就怕云里黑夹红，最怕红黄云下长白虫""黑云尾、黄云头，冰雹打死羊和牛"，因为冰雹的颜色，先是顶白底黑，然后中部现红，形成白、黑、红乱绞的云丝，云边上呈黄色。从云状为冰雹前兆的说法还有"午后黑云滚成团，风雨冰雹一齐来""天黄闷热乌云翻，天河水吼防冰雹"等，说明当时空气对流极为旺盛，云块发展迅猛，好像浓烟股股地直往上冲，云层上下前后翻滚，这种云极易降冰雹。

（4）听雷声。雷声沉闷，连绵不断，人们称这种雷为"拉磨雷"。所以有"响雷没有事，闷雷下蛋子"的说法。这是因为冰雹云中横闪比竖闪频数高、范围广，闪电的各部分发出的雷声和回声，混杂在一起，听起来有连续不断的感觉。

（5）识闪电。一般冰雹云中的闪电大多是云块与云块之间的闪电，即"横闪"，说明云中形成冰雹的过程进行得很厉害。故有"竖闪冒得来，横闪防雹灾"的说法。

例如，根据雷雨云和冰雹云中雷电的不同特点，有"拉磨雷，雹一堆"的说法；各地群众还观察到，冰雹来临以前，云内翻腾滚动十分厉害。有些地方把这种现象叫"云打架"。常常是两块或几块浓积云相对运动后合并而加强发展，往往有利的地形条件也加强了这种"云打架"的气流汇合；另外，在冰雹云来临时，天空常常显出红黄颜色。冰雹云底部是黑色或灰色，云体带杏黄色。有些地方有"地潮天黄，禾苗提防"（防冰雹）的说法。

（6）看物象。各地看物象测冰雹的经验很多，如贵州有"鸿雁飞得低，冰雹来得急""柳叶翻，下雹天"；山西有"牛羊中午不卧梁，下午冰雹要提防""草心出白珠，下降雹稳"等谚语。要注意以上经验一般不要只据某一条就作定断，而需综合分析运用。

冰雹灾害的防范措施

（1）居民切勿随意外出，确保老人、小孩留在家中。

（2）当冰雹来临时，如果你在户外的话，一定不能乱跑，因为冰雹很可能迎面砸过来。而且不要忘记一种十分重要的避险工具——衣服。在关键时刻，它能对你起到保护作用。头部是很重要的，应该以最快的速度将衣服脱下，顶在头上、保护好头部。但不能弓背弯腰的跑，因为冰雹很可能砸伤你的背、颈等，应该把衣服大致地叠一下，加高它的厚度，再注意保护好头部和颈部，然后再放在头上。

（3）如有打雷，不要在大树、高楼、烟囱、电线杆下躲避冰雹。

（4）如果所处的环境对自己不利的话，就一定得利用一切可以利用的东西，如干稻草、洗衣台、拌桶等，这些可以成为你的避险工具。当发生大风冰雹时，你恰好在室内的话，那么家里的很多东西都可以成为你避险的工具，例如木桌、抽屉、椅子等，而椅子和抽屉则能更好地保护好头部，但铁锅、铁锹等导电的物品和容易碎的物品，绝对不能拿来当避险工具。

（5）尽量不去使用棉被，因为下冰雹时，通常都会伴随着雷雨，而且棉被浸湿后，会变得很重，反而不利于逃生。而且没叠好的棉被，单层比较薄，也容易被大风掀开。如果在只有使用棉被的情况下，建议将它叠好再放在头上顶着。

（6）大风冰雹来临时，房屋很可能会坍塌，这时应该躲在房屋的支点边，但要避免靠窗的支点，以免窗户的玻璃砸下来伤着。

（7）行车中遇冰雹要降车速，因为正在行驶的车辆更容易被砸坏。通常遇到突发的冰雹，不要加速离开，最好先找个合适的地方停下来，至少也要降低车速，这样可以减轻或避免损伤。

冰雹记忆

浙江大范围冰雹事件

1980年6月26—27日，浙江全省9个地区26个市县都出现了冰雹、狂风和暴雨。冰雹直径最大的在5厘米以上，一般有2厘米左右；有的地方每平方米降雹50余个；降雹时间约10分钟；普遍有8~10级大风，部分地区有11~12级或12级以上大风。在这次大风、暴雨和冰雹的袭击中，损失较大的有萧山、余杭、海宁、海盐、桐乡、余姚、慈溪、定海、普陀、岱山、镇海等11个县和省农垦系统的4个农场。共死亡151人，伤262人，下落不明23人；各种农作物受灾约6万公顷；倒塌房屋2844间，损坏房屋11 882间；倒断电杆1万余根；损坏、沉没渔船、农船326条；水利设施也受到破坏。

豫、皖、苏雹灾事件

1988年5月2—6日，苏皖、豫、晋、陕等省的70个县受雹灾，一般的冰雹如鹌鹑蛋，最大似拳头，持续10~20分钟，地面积雹7厘米厚，并伴有7~9级大风，最大达11级，使118万公顷农作物受灾，倒房3.7万间，毁房50余万间，死亡33人，伤3800余人，受灾最重的是豫、皖、苏3省。

河南5月2日商丘、开封、许昌、新乡4个地市211个乡镇降雹，33.3万余公顷农作物受灾；商丘地区受灾最重，全区死亡5人，伤2000余人，毁房16万间，其中200间倒塌，约21.3万公顷农田受灾，5.3万公顷绝收，266.7公顷果树和 266.7 公顷蔬菜绝收，砸坏 1300 余个蔬菜木棚。

安徽 5 月 2—3 日 17 个县遭雹灾，15.1 万公顷作物成灾，倒房 2 万余间，毁房 27 万间，伤 1700 余人，死亡 3 人。

江苏 5 月 3—4 日全省 30 个县市遭雹和雷雨大风，66.7 万公顷农作物受灾，倒房 1 万余间，毁房 7 万余间，死亡 17 人，伤 120 余人。

当阳市暴雨冰雹灾害

2008 年 4 月 8 日凌晨 3 时许，宜昌当阳市遭受特大暴雨冰雹袭击，凌晨 3 时 3 分，当阳在 30 分钟内强降水达到 60 毫米，当阳城区出现 10 级大风，最大风速达 28.3 米/秒，为自 1959 年有记录以来最大。落下的冰雹之大，也为几十年来罕见。

这次灾害造成该市 35 万人受灾，因房屋倒塌压死 5 人，因灾受伤 66 人，倒塌民房 1108 户 3435 间，刮倒电杆 1417 根，刮倒大树 4635 棵，山洪冲毁乡村公路 76 处。全市直接经济损失 2.1 亿元。

五常市龙卷风冰雹灾害

2008 年 5 月 23 日晚 19 时 10 分左右，五常市兴盛乡 3 个村 4 个自然屯遭受到 F2 级局地龙卷风和冰雹袭击，造成 1 人死亡，30 余人不同程度受伤。本次灾害共造成兴盛乡、五常镇、杜家镇、冲河镇、小山子镇、龙凤山乡、民意乡等 7 个乡镇 104 个村受灾，损失较大、造成电力、通信中断，部分农田、秧苗被毁，443 栋房屋不同程度被毁。其中以兴盛乡损失最为严重，损害房屋 223 栋 540 间，受灾农户 165 户 628 人。

此次受灾最为严重的是五常市兴盛乡双井子屯，一走进村口，眼前一片片的砖头瓦砾堆便让人感受到了龙卷风的巨大威力。

整个村子一大半的房屋已经变成了废墟，即便没有倒塌的房屋也大多没有了房盖和门窗，一些被吹落的铁质房盖已经被卷得像皱纸壳一样。一台停在两千米外农田里的拖拉机也被风卷到了村里，摔得严重变形。很多直径在 20 厘米以上的大树都被拦腰折断，部分电线杆也被吹得东倒西歪。

提起龙卷风和冰雹袭击的瞬间，65 岁的村民吴老汉仍心有余悸，吴老汉说："一个巨大的'黑柱子'在我眼前快速地移动，而且'黑柱子'卷着地面上的杂物一直在旋转，'黑柱子'卷过的地方都变成了废墟，我就距离这个'黑柱子'几米远，实在是太可怕了。"

本次龙卷风瞬间风力达到了 16～18 级，龙卷风经过的村落，可以清晰地看到吹过的路线和轨迹，仅 3～4 分钟时间，龙卷风经过之处没有房屋幸存，附近村落的农田也大面积被毁。

第九章

气象灾害之雪灾

近年来，雪灾的出现，给人类造成了很大的损失和破坏。我们除了预防和救灾之外，不禁反思：雪灾的发生，是否与全球变暖有关？全球气候是否面临转型？种种问题，是否到了该让我们冷静思考的时候……

雪灾是什么

雪灾亦称白灾，是因长时间大量降雪造成大范围积雪成灾的自然现象。我国一般发生在北方牧区，主要是指依靠天然草场放牧的畜牧业地区，由于冬季半年降雪量过多和积雪过厚，雪层维持时间长，影响到牲畜生存和正常放牧活动的一种灾害。

积雪对牧草的越冬保温可起到积极的防御作用，旱季融雪可增加土壤水分，促进牧草返青生长。积雪又是缺水或无水冬春草场的主要水源，解决人畜的饮水问题。但是雪量过大，积雪过深，持续时间过长，则造成牲畜吃草困难，甚至无法放牧，而形成雪灾。

雪灾是由积雪引起的灾害。根据积雪稳定程度，将我国积雪分为 5 种类型。

永久积雪：在雪平衡线以上降雪积累量大于当年消融量，积雪终年不化。

稳定积雪（连续积雪）：空间分布和积雪时间（60 天以上）都比较连续的

季节性积雪。

不稳定积雪（不连续积雪）：虽然每年都有降雪，而且气温较低，但在空间上积雪不连续，多呈斑状分布，在时间上积雪日数 10~60 天，且时断时续。

瞬间积雪：主要发生在华南、西南地区，这些地区平均气温较高，但在季风特别强盛的年份，因寒潮或强冷空气侵袭，发生大范围降雪，但很快消融，使地表出现短时（一般不超过 10 天）积雪。

无积雪：除个别海拔高的山岭外，多年无降雪。

雪灾主要发生在稳定积雪地区和不稳定积雪山区，偶尔出现在瞬时积雪地区。

我国的雪灾一般发生在北方，而 2008 年 1 月 10 日至 2 月中旬，我国南方出现了大范围持续低温、雨雪、冰冻等极端天气，导致了严重的南方雪灾。这次极端天气影响范围之广、持续时间之长、强度之大、所造成的灾害之重为历史罕见。

我国雪灾的类型、爆发规律及分布

我国雪灾类型

根据我国雪灾的形成条件、分布范围和表现形式，可将雪灾分为三种类型：雪崩、风吹雪灾害（风雪流）和牧区雪灾。

雪灾按其发生的气候规律可分为两类：猝发型和持续型。猝发型雪灾发生在暴风雪天气过程中或以后，在几天内保持较厚的积雪对牲畜构成威胁。持续型雪灾达到危害牲畜的积雪厚度随降雪天气逐渐加厚，密度逐渐增加，稳定积雪时间长。

人们通常用草场的积雪深度作为雪灾的首要标志。由于各地草场差异、牧草生长高度不等，因此形成雪灾的积雪深度是不一样的。雪灾的指标也可以用其他物理量来表示，诸如积雪深度、密度、温度等，上述指标的最大优点是使用简便，且资料易于获得。

雪灾爆发规律

根据调查材料分析，我国草原牧区大雪灾大致有十年一遇的规律。至于一般性的雪灾，其出现次数就更为频繁了。据统计，西藏牧区大致 2~3 年一次，青海牧区也大致如此。新疆牧区，因各地气候、地理差异较大，雪灾出现频率差别也大，阿尔泰山区、准噶尔西部山区、北疆沿天山一带和南疆西部山区的冬牧场和春秋牧场，雪灾频率达 50%~70%，即在 10 年内有 5~7 年出现雪灾。其他地区在 30% 以下。雪灾高发区，也往往是雪灾严重区，如阿勒泰和富蕴两地区，雪灾频率高达 70%，重雪灾高达 50%。反之，雪灾频率低的地区往往是雪灾较轻的地区，如温泉地区雪灾出现频率仅为 5%，且属轻度雪灾。但不管哪个牧区，大雪灾都很少有连年发生的现象。

雪灾发生的时段，冬雪一般始于 10 月，春雪一般终于 4 月。危害较重的，一般是秋末冬初大雪形成的所谓"坐冬雪"。随后又不断有降雪过程，使草原积雪越来越厚，以致危害牲畜的积雪持续整个冬天。

雪灾发生的地区与降水分布有密切关系。如内蒙古牧区，雪灾主要发生在内蒙古中部的巴盟、乌盟、锡林郭勒盟及昭盟和哲盟的北部一带，发生频率在 30% 以上，其中以阴山地区雪灾最重最频繁；西部因冬季异常干燥，则几乎没有雪灾发生。新疆牧区，雪灾主要集中在北疆准噶尔盆地四周降水多的山区牧场；南疆除西部山区外，其余地区雪灾很少发生。青海牧区，雪灾也主要集中在南部的海南、果洛、玉树、黄南、海西 5 个冬季降水较多的州。西藏牧区，雪灾主要集中在藏北唐古拉山附近的那曲地区和藏南日喀则地区。前者常与青海南部雪灾连在一起。

雪灾区域分布

雪灾主要发生在稳定积雪地区和不稳定积雪山区，偶尔出现在瞬时积雪地区。从全球范围看，雪灾主要发生在北欧、美国、苏联等国家和地区。在我国，积雪的分布具有以下规律：自南向北逐渐增厚，由西向东，明显减少；平原、盆地和谷地积雪少于周围山地；山脉内的山间盆地或高原中心地区积雪更少；山地积雪具有明显的垂直递增规律。

积雪分布

南起云南省的玉龙山，北抵阿尔泰山，东自四川省的雪宝顶，西达帕米尔高原，永久积雪呈散点状分布，面积达 5.65 万平方千米。那里积雪长年不化，变质成冰，成为现代冰川赖以生存的物质补给来源。我国稳定积雪区达 420 万平方千米，包括：

青藏高原地区（藏北高原和柴达木盆地除外），面积 230 万平方千米。积雪深度一般有 50 ~ 75 厘米，最深可达 230 厘米。

东北和内蒙古地区，面积 140 万平方千米。积雪深度有 50 ~ 75 厘米，最深可达 100 厘米。

北疆和天山地区，面积 50 万平方千米。积雪深度也有 50 ~ 75 厘米，部分山地在 75 厘米以上。此外，秦岭、贺兰山、六盘山、五台山、峨眉山等也有零星分布。

我国不稳定积雪区面积较大，达 480 万平方千米，南界位于北纬 24° ~ 25° 一带，大致在保山、昆明、柳州、连平、梅县、龙岩、福州一线。积年周期性不稳定积雪区主要包括辽河流域至秦岭、大别山之间广大地区。非年周期性不稳定积雪区包括秦岭、大别山以南积雪区以及塔里木盆地和柴达木盆地。

积雪雪灾

根据我国大地上积雪及其雪害的有无，将我国分为两个大区（一级区）。

大致以北纬25°线为界，以南称"中国南部无积雪—雪害分布区"，以北称"中国北部积雪—雪害分布区"。我国无积雪—雪害分布区主要是福建、广东、广西、云南四省的南部和台湾省以及南海诸岛。根据天气系统的主要差异，纬度和海陆分布的地理位置差异，地势与积雪性质和雪害主要特征差异及人类活动对积雪作用，将"中国北部积雪—雪害分布区"分为三个"积雪—雪害地区"（二级区）：东部季风—风吹雪危害地区，西风带—雪崩危害地区，青藏高寒—雪崩与风吹雪危害地区。

牧区雪灾

又分为雪灾常发区、雪灾偶发区和雪灾不发区。雪灾的常发区主要分布在内蒙古以西的大兴安岭以西、阴山以北的广大牧区、青海省青南地区以及祁连山牧区、北疆部分山区、西藏高原的中北部及西部牧区、川西高原牧区；雪灾的偶发区主要分布在西藏南部边缘地区、青海湖及海西东部地区、内蒙古的阴山以南及巴彦淖尔盟一带、宁夏六盘山区、甘肃的陇中西北部、甘南高原、新疆的南疆部分山区、四川的川西高原牧区部分地方及云南西北部牧区少部分地方。在国内牧区的其余地方，由于降雪期间降雪量少，或者降雪量虽多但温度

则较高的广大牧区，一般不易形成稳定而深厚的积雪。半农半牧区由于补饲条件好，所以也不容易形成雪灾。

风吹雪

又分为发生区、多发区和高频区。发生区主要集中在中国的北方地区，包括东北、内蒙古、新疆北部、青海、甘肃、宁夏以及陕西、山西、山东、河南和河北；多发区主要分布在内蒙古、黑龙江、新疆、青海和甘肃的部分地区；高频区主要分布在内蒙古的中部、甘肃的天祝乌鞘岭和黑龙江通河。

暴风雪的起因及我国暴风雪的特点

暴雪是指 24 小时降雪量超过 10 毫米的降雪，伴随暴雪而来的往往还有大风、寒潮等恶劣天气。学术专业上讲，暴风雪是对零下 5℃ 以下大降水量天气的统称，且伴有强烈的冷空气气流。在冬天，当云中的温度变得很低时，云中的小水滴结冻。当这些结冻的小水滴撞到其他的小水滴时，这些小水滴就变成了雪，当它们变成雪之后，它们会继续与其他小水滴或雪相撞。当这些雪变得太大时，它们就会往下落。大多数雪是无害的，但当风速达到每小时 56 千米（约每秒 15.6 米），温度降到零下 5℃ 以下，并有大量的雪时，暴风雪便形成了。

造成暴风雪的原因包括：

（1）气团。在冬季，北美受到三种气团的影响。极地气团覆盖了加拿大部分地区，此气团有着干燥、异常寒冷的特征，从极地高压区向南流动着干燥的空气。来自大西洋向西流动的温暖、潮湿气团覆盖了墨西哥湾、加勒比海、美国东南部。而太平洋气团则影响着这两个气团之间的区域、美国中部地带、西部沿海地区。

（2）气压。格陵兰岛东部是低压地段，北极、美国中部、南加勒比海和加利福尼亚海区则是高压地段。在冬季，位于北美洲偏南地带的太平洋和加勒比

海高压区与夏季产生的影响相比，相差甚远。冬季，在太平洋大气层，不同类型的气团相互交叉混合，会产生越过大陆向东移动的锋系。

（3）风力。离开卡罗来纳海岸的低压区，给北美东部带来雪暴的天气系统常常就从这里开始发展，其程度在发展过程中不断加强，随着旋转的风力加大，之后朝着北面移动，影响哈特勒斯角到加拿大新斯科舍省的沿海地带。风的流动方向受科里奥利效应的影响，为逆时针方向。风吹过大洋的时候，水蒸气被吸收了，随着东北风往东海岸刮去。这些风在低压向北移动时引发洪水，侵蚀海岸，它们到达新英格兰的时候就会产生雪和雪暴。

我国的中高纬度地区地域广阔，冬季漫长，一旦出现暴雪，并可能伴有强寒潮、大风天气，对工农业生产、畜牧业、交通运输和人民生活影响较大。因此，暴雪预报是中高纬气象台站灾害性天气预报中的一项重要内容，对于暴雪的研究也是气象工作者面临的重要问题。

影响我国的冷空气主要有几大特点：一种是冷空气团是从极地方向过来，比如蒙古国、贝加尔湖方向，冷空气强度比较强，主要是以大风、降温过程为主，不会出现大范围的降水；一种是冷空气团从西伯利亚方向过来，即西北路冷空气，它也是一种大风降温的天气，但强度没有从北路过来的强度强，降水也相对比较少一些；还有一种就是从西路过来的，比如从冰岛过来，经过欧洲地中海这个方向自西向东过来的冷空气，特点就是大范围的降雪过程。导致我国大范围降雪天气的冷空气主要从西路移来，再加上东路即贝加尔湖以东的冷空气，两股冷空气合并，与黄淮、江淮、江南北部一带，特别是黄淮一带的暖湿气流结合，很容易出现大的暴雪天气。总之，有充足的水汽和暖湿气流，以及比较明显的冷空气，两者相互结合就很容易使一些地方出现大到暴雪天气。

在冬季当有强冷空气暴发南下时，由于渤海湿暖水面以及山东半岛地形共同作用，常会形成蓬莱以东沿半岛北岸的降雪带，被称之为冷流降雪。它经常会在局部地区形成水平尺度为几十千米的暴雪。这是造成冬季山东半岛气象灾害的主要天气事件，经常给交通运输，工农业生产以及人民生活带来重大影响和损失。如2005年12月3—22日的降雪过程，在烟台、威海出现多次暴雪并造成重大灾情，被列为当年国内十大气象灾害之一。山东半岛冷流降雪是冷空气高空槽移出半岛之后，由 700 百帕（气压单位，hPa）上呈现的东北冷涡或强北支槽使之不断有西北冷空气南下，流经暖湿的渤海海面，使渤海中南部的大片海域上的低层大气呈现对流不稳定，在适宜的背景风场及垂直切变情况下，在海面上形成云街，它对海面静力不稳定能及热能释放起到了激发和组织作用。

暴风雪是伴随着强风寒潮出现的暴雪天气，发生的机会并不太多，而且它总是伴随着寒潮灾害和大风灾害出现。所以人们常把暴风雪或者作为寒潮天气来研究，或者作为大风天气来研究，或者作为暴雪天气来研究。也就是说，通常只研究了这种天气的一两个侧面，而缺乏全面的针对性的研究。然而，正是由于在暴风雪天气中的风、雪、寒潮三种灾害同时肆虐，才使暴风雪天气所形成的危害特别严重。暴风雪天气的主要特点是雪大、风猛、降温强、灾害重。暴风雪发生时，狂风裹挟着暴雪，呼呼作响，能见度极低，同时气温陡降。其天气的猛烈程度远远超过通常的大风寒潮和大雪寒潮，一般其风力大于等于 8 级，降雪量大于等于 8 毫米，降温大于等于 10℃。

由于降暴雪时空气的湿度已接近饱和，湿空气较大的比热容进一步加大了风寒天人畜的热损耗率，而且融化和蒸发落在地上的冰雪也要消耗大量的热量。因此，风雪天气下人的体感温度比单纯风寒天气还要进一步降低。设湿空气比干空气增加比热容 1/5，则由上面讨论可知，当环境大气温度为零下 5℃时，暴风雪中人体感受到的寒冷程度已达零下 35℃以下，在这种寒冷程度下，若事前没有御寒准备，人畜很快都会被冻伤、冻毙。特别是春天，在人们刚刚脱去冬装，家畜开始换脱绒的时候，突然而至的暴风雪常常会给畜群造成毁灭性的灾难。

虽然严重的暴风雪天气常会在短时间内给野外放牧的畜群带来灭顶之灾，但实践表明，只要能提前数小时得知暴风雪的到来，并采取一些适当的防御措施，就可以大大减少损失。所以，准确的暴风雪预报对防灾减灾具有重大意义。研究表明，狂风、暴雪、强降温联合肆虐，加重了冻害程度，这是暴风雪灾重的主要原因。需要在现有的风寒指数和风寒相当温度公式中，加入湿度对热损耗的影响，才能反映出风雪天气之下真实的严寒程度。

我国中高纬暴雪出现次数较多的在东北地区和新疆维吾尔自治区，暴雪出

现的次数分布在空间上不与纬度成正比，即并非越北越冷的地区出现越多。

新疆雪暴主要出现在除准噶尔盆地之外的北疆地区及南疆的帕米尔高原上，盆地、平原地区几乎没有雪暴发生。出现最多的是吉木乃，其次是木垒和阿拉山口。新疆雪暴集中出现在 20 世纪 60 年代、1971—1972 年、1976—1977 年、1979—1981 年，1984 年后在波动中逐年减少；雪暴集中出现在 10 月到来年的 4 月，在 11 月、1 月或 4 月最多。新疆全天都可能有雪暴发生，雪暴出现的时段相对集中在午后，夜晚发生较少。

内蒙古暴风雪天气的产生，通常与北方冷空气快速南下及蒙古气旋的猛烈发展有关。一般在高空具有强西北急流锋区、强冷平流，而低层水汽又较丰沛的条件下，才易产生暴风雪天气。从引起内蒙古暴风雪天气的环流特征来看，若以欧亚区域环流特点为主分类，大体可分为三类。其中，西伯利亚脊前不稳定小槽发展类主要出现在春季，数量最多；乌拉尔山阻高崩溃类可发生在整个冬半年的任何时段，数量次多；阶梯槽类主要出现在深秋到初半冬，数量最少。

从理论上说，在内蒙古的降雪期以内的任何时段都可能发生暴风雪天气。然而，这种狂风、暴雪、强降温三种灾害同时发生的剧烈天气，在隆冬时节发生的概率却极小。实际观测资料表明，内蒙古 72% 的暴风雪天气出现在春季的 4—5 月份，真正在 10 月到次年 3 月期间出现的暴风雪天气还不到总数的 30%。内蒙古地区并不是每年都会有暴风雪发生，有风无雪和有雪少风都形不成暴风雪。在过去 50 年中，有 30多 年内蒙古并未出现暴风雪，这表明，暴风雪这种剧烈天气，只能在少数特定的对流条件下发生。

雪灾会造成哪些后果

雪灾最常见的危害是掩盖草场，造成牲畜饥饿冻伤死亡，同时还严重影响甚至破坏交通、通信、输电线路等生命线工程。严重的低温雨雪灾害还会造成人员伤亡、房屋倒塌、大面积农作物受灾。

雪灾危害畜牧业发展

主要是积雪掩盖草场，且超过一定深度，或者雪面覆冰形成冰壳，牲畜难以扒开雪层吃草，造成饥饿或造成冻伤，致使牲畜饥寒交迫，死亡增多。同时还严重影响甚至破坏交通、通信、输电线路等生命线工程，对牧民的生命安全和生活造成威胁。雪灾主要发生在稳定积雪地区和不稳定积雪山区，偶尔出现在瞬时积雪地区。

我国内蒙古、新疆、青海、西藏四大牧区，几乎每年秋、冬、春季节都有不同程度的雪灾发生，较大的雪灾差不多每隔几年就发生一次。青海省的牧民就流传着"五年一大灾，三年一小灾"等说法。如 1992 年与 1993 年冬春之交，内蒙古、青海、西藏和甘肃等省、自治区的部分地区先后连降大雪，受灾草场达 2 万平方千米，受灾人口 110 万，死亡牲畜 100 万头（只），使我国的北方草

场均受到严重损失。

雪灾造成交通、通信中断

首先，下雪特别是大雪会阻塞道路，严重影响交通，容易造成交通事故。

其次，连续不断的降雪还会造成雪崩。在山区，积雪超过一定厚度，积雪之间的附着力支撑不住积雪重力时，便会发生雪崩现象。

另外，大雪还易压断通信、输电线路，华北地区曾出现过因大雪而造成的大范围停电事故。持续大雪冰冻还会损坏蔬菜，冻病牲畜，使农作物受灾。

2008年我国南方发生了严重的低温雨雪冰冻灾害，给群众生产生活和社会经济发展造成了严重影响。灾害不仅造成了人员伤亡、房屋倒塌、大面积农作物受灾，还引发了铁路、公路、电力、通信、供水、燃气等生命线工程严重受损，人员、信息、物资流动受阻等一系列影响社会生活正常运转的问题。

雪灾来临前的预兆

雪灾预警信号分三级，分别以黄色、橙色、红色表示。

雪灾黄色预警信号：12 小时内可能出现对交通或牧业有影响的降雪。防御指南：相关部门做好防雪准备；交通部门做好道路融雪准备；农牧区要备好粮草。

雪灾橙色预警信号：6 小时内可能出现对交通或牧业有较大影响的降雪，或者已经出现对交通或牧业有较大影响的降雪并可能持续。防御指南：相关部门进行好道路清扫和积雪融化工作；驾驶人员要小心驾驶，保证安全；将野外牲畜赶到圈里喂养；其他同雪灾黄色预警信号。

雪灾红色预警信号：2 小时内可能出现对交通或牧业有很大影响的降雪，或者已经出现对交通或牧业有很大影响的降雪并可能持续。防御指南：必要时关闭道路交通；相关应急处置部门随时准备启动应急方案；进行好对牧区的救灾救济工作；其他同雪灾橙色预警信号。

如何预防雪灾

（1）大家尽量待在室内，不要外出。

（2）如果在室外，要远离广告牌、临时搭建物和老树，避免砸伤。路过桥下、屋檐等处时，要小心观察或绕道通过，以免因冰凌融化脱落伤人。

（3）非机动车应给轮胎少量放气，以增加轮胎与路面的摩擦力。

（4）要听从交通民警指挥，服从交通疏导安排。

（5）注意收听天气预报和交通信息，避免因机场、高速公路、轮渡码头等停航或封闭而耽误出行。

（6）驾驶汽车时要慢速行驶并与前车保持距离。车辆拐弯前要提前减速，避免踩急刹车。安装防滑链，佩戴挡光镜。

（7）出现交通事故后，应在现场后方设置明显标志，以防连环撞车事故发生。

（8）如果发生断电事故，要及时报告电力部门迅速处理。

大雪灾记忆

2008 年中国南方雪灾

2008 年中国雪灾是指自 2008 年 1 月 10 日起在我国发生的大范围低温、雨雪、冰冻等自然灾害。

本次雪灾中，上海、浙江、江苏、安徽、江西、河南、湖北、湖南、广东、广西、重庆、四川、贵州、云南、陕西、甘肃、青海、宁夏、新疆19 个省（自治区、直辖市）均不同程度受到低温、雨雪、冰冻灾害影响。据民政部初步核定，因雪灾死亡 129 人，失踪 4 人，紧急转移安置 166 万人；农作物受灾面积 1186 亿平方米，成灾 5 万平方千米，绝收 1 万平方千米；倒塌房屋 48.5 万间，损坏房屋 168.6 万间；因灾直接经济损失 1516.5 亿元人民币。森林受损面积近 186 000 平方千米，3 万只国家重点保护野生动物在雪灾中冻死或冻伤；受灾人口已超过 1 亿。其中湖南、湖北、贵州、广西、江西、安徽、四川 7 个省份受灾最为严重。

产生的环境、社会问题

暴风雪造成多处铁路、公路、民航交通中断。由于正逢春运期间，大量旅客滞留站场港埠。另外，电力受损、煤炭运输受阻，不少地区用电中断，电信、通信、供水、取暖均受到不同程度影响，某些重灾区甚至面临断粮危险。而融雪流入海中，对海洋生态亦造成浩劫。台湾海峡即传出大量鱼群暴毙事件。

雪 灾 成 因

中国国家气象部门的专家指出，这次大范围的雨雪过程主要应归因于与拉尼娜现象有关的大气环流异常：环流自1月起长期经向分布使冷空气活动频繁，同时副热带高压偏强、南支槽活跃，源自南方的暖湿空气与北方的冷空气在长江中下游地区交汇，形成强烈降水。大气环流的稳定使雨雪天气持续，最终酿成这次雪灾。不过，专家强调，中国遭罕见冰雪灾害天气是多种因素造成，拉尼娜不是唯一原因。

第十章
气象灾害之风暴潮

风暴潮是发生在海洋沿岸的一种严重自然灾害。这种灾害主要是由大风和高潮水位共同引起的，使局部地区猛烈增水，酿成重大灾害。这种灾害的破坏性也是非常严重的。在自然灾害面前，我们要立刻行动起来，奏响一曲抗击风暴潮的凯歌。

风暴潮是什么

风暴潮是由于强烈的大气扰动——强风和气压骤变,引起海面水位异常升高和海面下降的现象。它与潮汐有着密切关系,如果说潮汐是风暴潮发生的内因,那么台风与温带气旋、冷空气、寒潮等天气系统就是产生风暴潮的外力。

一般来说,风暴潮按诱发它们的天气系统而分为温带风暴潮和台风风暴潮两大类。

温带风暴潮

我国东部海岸线漫长,南北纵向跨温、热两带。春季,渤海、黄海上空是冷暖空气的交汇区,温带气旋、冷空气、寒潮等活动频繁,每隔数日便发生一次。当它们过境时带来的向岸大风,不断地将海水吹向陆地,引起沿岸海水上涨,侵入内陆,我们称这种天气状况下产生的风暴潮为温带风暴潮。

台风风暴潮

夏秋时,活跃在太平洋的台风经常登陆或影响我国沿海,造成严重的台风风暴潮。台风是海洋上最具破坏力的一种热带气旋,它通常生成在西北太平洋的低纬度地区。由于每个热带气旋的强度不同,目前世界气象组织给它规定了四个强度等级,不同的等级名称也不同,它们分别称为:热带气旋、热带风暴、强热带风暴、台风(下面将以台风通称)。在北半球,台风按逆时针旋转,台风中心眼外是台风云系涡旋区,这里有强烈的狂风暴雨发作,风速普遍有 40 ~ 60 米/秒,最大可达到 100 米/秒。台风在洋面上掀起巨浪高达 10 ~ 15 米,惊涛骇浪使过往的航船颠覆、淹没在汪洋大海之中。由于台风中心气压极低,对海水有吸引作用使海面升高。当台风临近大陆沿海，海水越过堤坝涌入内陆或堤坝决口，淹没城市、村庄、农田，将酿成极其严重的台风风暴潮灾害。

　　国际自然灾害防御和减灾协会主席认为风暴潮灾害在世界自然灾害中居首位，在人员伤亡方面甚至超过地震。他指出，1875年以来，全球范围直接和间接的风暴潮经济损失超过1000亿美元，约为150万人在风暴潮袭击下丧生，这些损失还不包括与风暴潮相关联的海岸和土地侵蚀的长期影响，因此美国和世界气象组织都认为风暴潮是来自海洋上的杀手。

风暴潮的形成原因和灾害

风暴潮是指由强烈大气扰动，如热带气旋、温带气旋等引起的海面异常升高现象，居海洋灾害之首位。

风暴潮的形成

风暴潮指由强烈大气扰动，如热带气旋（台风、飓风）、温带气旋（寒流）等引起的海面异常升高现象。又称"风暴增水""风暴海啸""气象海啸"或"风潮"。

海平面异常升高，主要是因为气压降低把海水往上吸。只要气压降低一个百帕（气压单位，hPa），海平面就会升高约 1 厘米。

有时海面上升幅度更大，是台风助长的结果。台风吹向陆地时，被吹来的海水聚集岸边，逐渐往海岸上升，此时海平面增加高度，会变成风速增加的 2 倍。换言之，风速变成 2 倍时，海平面高度变成 4 倍。特别是被吹进呈 V 字形或 U 字形海湾的海水无处可逃，只好往陆上推挤。

如果台风引起的风暴潮又遇到月亮与太阳引起的涨潮，潮位就会更高，甚至使潮水冲过堤防。这种风暴潮甚至比海啸更危险。海啸袭击陆地不久就会撤退，风暴潮有时盘旋几个小时甚至几天，因此伤害更大。

地层下陷因素

提到地层下陷，主要原因是都市工业化及人口过多，为了补充水源只好超抽地下水。地下水主要聚集在名为"带水层"的沙砾层，一旦超抽，沙砾层内部相邻黏土层的水就会被挤压到沙砾层。这些黏土层70%~80%的体积由水构成，如果50米厚度的黏土层被吸走十分之一的水，这部分地层结构就会下陷5米。不过，黏土层不会一下子就把内部的水全部挤出来，也就是地层下陷是一点一点缓慢进行的。

许多大城市都有地层下陷问题，无数居民住处和海平面一样高甚至更低。为了解决这个问题，各城市拼命兴建堤防。但堤防有碍观瞻，所以，最重要的还是减少抽用地下水。

风暴潮灾害

风暴潮有时在台风登陆一周之前就出现征兆。也就是说，台风在距离陆地180千米，被风吹动的高波冲击海岸，会发出轰隆巨响。不过，最可怕的还是巨浪来袭，一旦越过或冲破堤防，就会造成沿海低洼地区灾情惨重。如果风暴潮恰好与影响海区天文潮位高潮相重叠，就会使水位暴涨，甚者海潮冲毁海堤海塘，吞噬码头、工厂、城镇和村庄，使物资不得转移，人畜不得逃生，从而酿成巨大灾难。

在我国，几乎一年四季均有风暴潮灾害发生，并遍及整个沿海地区，其影响时间之长，地域之广，危害之重均为西北太平洋沿岸国家之首。

风暴潮来了要怎么应对

（1）选择到达一个安全地点的最短距离，距离越长，在路上遭遇交通堵塞和其他问题的可能性就越大。

（2）选择最近的撤退场所，最好选择在当地地区，并且事先规划好路线，不要走没有规划好的路线或者不是事先选定的地点。

（3）在飓风（台风）季节来临前，选择位于安全区域内的亲近朋友或亲戚的家庭，并和他们一起讨论撤退计划。

（4）可以选择安全区域内的旅馆或汽车旅馆。

（5）如果上述这些选择都不可用，可以考虑选择最近的公共避难所，最好选择位于当地的避难所。

（6）采用经过有关专家制订的撤退路线时，最好事先熟悉路线。

（7）对于家庭中可能需要特殊帮助的成员要联系当地突发事件管理部门进行登记以便于撤退。

（8）要为宠物准备单独的撤离计划，大多数公共避难所不允许宠物进入。

（9）离开家之前，要用木板遮住门和窗户，院子里所有的物品要放到家里或安全的地方，并且关掉所有生活设施的开关。

（10）撤离之前要给汽车加满油，并从取款机上提取足够的钱。

（11）要带上所有的处方药和专用物品，比如眼镜、尿布等。

（12）如果家庭撤离计划中包括娱乐车、小船或者拖车等物品，要尽早撤离，要在撤离命令发布或大批人员撤离之前开始行动。

（13）如果居住在撤退地区并且由政府或当地有关部门安排撤退，要尽快进行，不要拖延时间，否则可能会遭遇交通问题，甚至由于堵塞而不能撤退。

（14）撤离中考虑交通堵塞和时间延迟，要考虑和计划到撤离到目的地较平常需要更长的时间。

（15）要收听或收看当地电台或电视台的节目并且要特别注意当地有关部门意见和特殊的指导。

风暴潮记忆

孟 加 拉 湾

在孟加拉湾沿岸，1970年11月13日发生了一次震惊世界的热带气旋风暴潮灾害。这次风暴增水超过6米的风暴潮夺去了恒河三角洲一带30万人的生命，溺死牲畜50万头，使100多万人无家可归。1991年4月的又一次特大风暴潮，在有了热带气旋及风暴潮警报的情况下，仍然夺去了13万人的生命。

日　本

1959 年 9 月 26 日，日本伊势湾顶的名古屋一带地区，遭受了日本历史上最严重的风暴潮灾害。最大风暴增水曾达 3.45 米，最高潮位达 5.81 米。当时，伊势湾一带沿岸水位猛增，暴潮激起千层浪，汹涌地扑向堤岸，防潮海堤短时间内即被冲毁。造成了 5180 人死亡，伤亡合计 7 万余人，受灾人口达 150 万，直接经济损失 852 亿日元（当年价）。

中　国

1922 年 8 月 2 日，一次强台风风暴潮袭击汕头地区，造成特大风暴潮灾害，有 7 万余人丧生，无数的人流离失所，这是 20 世纪以来，中国死亡人数最多的一次风暴潮灾害，当时台风强度超过 12 级，造成增水达 3.5 米。1956 年 8 月 2 日，正值朔望大潮期间，在浙江杭州湾引发特大风暴潮，在乍浦站测得最大增水值达 4.57 米，创全球风暴潮的最大增水值纪录。1990 年 4 月 5 日发生在渤海的一次温带风暴潮，海水涌入内陆近 30 千米，为新中国成立以来渤海沿岸最大的一次潮灾。

美　国

美国地处中纬，也是一个频受风暴潮灾害的国家，其东海岸以及墨西哥湾沿岸，濒临大西洋，在夏秋季节多发生飓风暴潮，濒临大西洋的东北部沿岸则以冬季的温带风暴潮为主。特大飓风暴潮约每隔四五年发生一次，每次损失均高达数亿美元，1969 年登陆美国的一次飓风，在密西西比的一个观测站曾记录了 7.5 米的潮高值，创造了美国最高风暴潮位纪录。

荷　兰

荷兰是一个低洼泽国，极易受风暴潮灾的影响，1953 年 1 月底一次最大的温带气旋袭击荷兰，海水内侵 60 多千米，死亡 2000 多人，60 多万人流离失所，经济损失 2.5 亿美元。这次强风暴潮过程还侵袭了英国，使 300 多人丧生，北海沿岸的一些西欧国家也不同程度遭受了灾害。

第十一章
气象灾害之海啸

发生在2004年12月的印度洋大海啸已经吞噬了23万多人的生命，让人类再次感到海啸的恐怖。其实，只要了解了海啸的真相，掌握必要的逃生知识，在海啸灾难中还是可以全身而退的。

海啸为什么那么可怕

海啸是一种具有强大破坏力的海浪。海底地震、火山爆发或地层滑移、泥石流和滑坡等大地活动都可能引起海啸。

海啸在日语名为"津波","津"指海港，"波"就是涌向海港的大波浪。据说日本是全世界最容易发生海啸的地方，因此，海啸在许多西方语言中称为"tsunami"（"津波"的日语发音）。除了日本，全球最容易受海啸袭击的地方，还包括智利、秘鲁以及阿拉斯加等环太平洋国家和地区。

海啸和一般波浪不同，在波长与移动的水厚度方面差异很大。比如，海洋板块地震，使广达几千米的地盘提高 1 米，就会把这部分海水往上抬，造成波长数千米、高 1 米的大浪。

一般而言，海啸移动的速度和海面波浪不同，距离海面愈深的海啸，移动速度愈快。比如，太平洋平均深度 4000 米处产生的海啸，会以几乎和喷气客机差不多的时速——713 千米高速前进。水深较浅的 200 米大陆棚产生的海啸，移动速度大约 159 千米/小时。就海啸的高度而言，发生地点水愈深，海啸厚度愈大。

海啸是一种破坏力极大的水体运动。海啸发生有多种原因，海底地震、海底火山爆发、大规模海底滑坡等都会引发海啸，其中最严重的就是海底地震。不过，并非所有的海底地震都会引发海啸。能引发海啸的地震，首先是发生在海底的大地震，而且必须是具有垂直运动的逆冲构造型地震。其特点是断层面上部地壳向上移动，下部下降，以垂直运动为主。上部在抬升过程中把海水向上抬，同时又在逆冲方向推动海水做水平运动，从而形成破坏力极强的海啸。

地震发生时，海底地层发生断裂，部分地层出现猛然上升或者下沉，由此造成从海底到海面的整个水层发生剧烈"抖动"。这种"抖动"与平常所见到的海浪大不一样。海浪一般只在海面附近起伏，涉及的深度不大，波动的振幅随水深衰减很快。地震引起的海水"抖动"则是从海底到海面整个水体的波动，其中所含的能量惊人。

海啸时掀起的狂涛骇浪，高度可达10多米至几十米不等，形成"水墙"。另外，海啸波长很长，可以传播几千千米而能量损失很小。由于以上原因，如果海啸到达岸边，"水墙"就会冲上陆地，巨浪呼啸，以摧枯拉朽之势，越过海岸线、越过田野，迅猛地袭击着岸边的城市和村庄，瞬时人们都消失在巨浪中。港口所有设施，被震塌的建筑物，在狂涛的洗劫下，被席卷一空。事后，海滩上一片狼藉，到处是残木破板和人畜尸体。

海啸由地震引起海底隆起和下陷所致。海底突然变形，致使从海底到海面的海水整体发生大的涌动，形成海啸袭击沿岸地区。海啸是一种灾难性的海浪，通常由震源在海底下50千米以内、里氏震级6.5级以上的海底地震引起，水下或沿岸山崩或火山爆发也可能引起海啸。在一次震动之后，震荡波在海面上以不断扩大的圆圈，传播到很远的距离，正像卵石掉进浅池里产生的波一样。海啸波长比海洋的最大深度还要大，轨道运动在海底附近也没受多大阻滞，不管海洋深度如何，波都可以传播过去。

海啸的特征之一是速度快，地震发生的地方海水越深，海啸速度越快。海水越深，因海底变动涌动的水量越多，因而形成海啸之后在海面移动的速度也

越快。如果发生地震的地方水深为5000米，海啸和喷气机速度差不多，每小时可达800千米，移动到水深10米的地方，时速放慢，变为40千米。由于前浪减速，后浪推过来发生重叠，因此海啸到岸边波浪升高，如果沿岸海底地形呈V字形，海啸掀起的海浪会更高。

在遥远的海面移动时不为人注意，以迅猛的速度接近陆地，达到海岸时突然形成巨大的水墙，这就是海啸，人们发现它时再逃为时已晚，因此，一旦发生地震要马上离开海岸，到高处安全的地方。

在大地震之后如何迅速地、正确地判断该地震是否会激发海啸，这仍然是个悬而未决的科学问题。尽管如此，根据目前的认识水平，仍可通过海啸预警为预防和减轻海啸灾害做出一定的贡献。

海啸预警的物理基础在于地震波传播速度比海啸的传播速度快。地震纵波（P波）的传播速度为6~7千米/秒，比海啸的传播速度要快20~30倍，所以在远处，地震波要比海啸早到达数十分钟乃至数小时，具体数值取决于震中距和地震波与海啸的传播速度。例如，当震中距为1000千米时，地震纵波大约2.5分钟就可到达，而海啸则要经过1个多小时；1960年智利特大地震激发的特大海啸22小时后才到达日本海岸。

如能利用地震波传播速度与海啸传播速度的差别造成的时间差分析地震波资料，快速、准确地测定出地震参数，并与预先布设在可能产生海啸的海域中的压强计（不但应当有布设在海面上的压强计，更应当有安置在海底的压强计）的记录相配合，就有可能做出该地震是否激发了海啸、海啸的规模有多大的判断。然后，根据实测水深图、海底地形图及可能遭受海啸袭击的海岸地区的地形地貌特征等相关资料，模拟计算海啸到达海岸的时间及强度，运用诸如卫星、遥感、干涉卫星孔径雷达等空间技术监测海啸在海域中传播的进程，采用现代信息技术将海啸预警信息及时传送给可能遭受海啸袭击的沿海地区的居民，并在可能遭受海啸袭击的沿海地区，开展有关预防和减轻海啸灾害的科技知识的宣传、教育、普及以及应对海啸灾害的训练和演习。这样，就有希望在海啸袭击时，拯救成千上万生命和避免大量的财产损失。

海啸预警具有可靠的物理基础，它不但在理论上是成立的，实际上也是可行的，并且已经有了成功的范例。例如，1946 年，海啸给夏威夷造成了严重的人员伤亡和财产损失。于是，1948 年便在夏威夷建立了太平洋海啸预警中心，从而有效避免了在那以后的海啸可能造成的损失。倘若印度洋沿岸各国在 2004 年印度洋特大海啸之前，能与太平洋沿岸国家一样建立起海啸预警系统，那么这次特大海啸绝不致造成如此巨大的人员伤亡和财产损失。

以上所述的海啸预警对于"远洋海啸"比较有效。但是，对于"近海海啸"（亦称"本地海啸"）即激发海啸的海底地震离海岸很近，例如只有几十至数百千米的海啸，由于地震波传播速度与海啸传播速度的差别造成的时间差只有几分钟至几十分钟，海啸早期预警就比较难于奏效。为了在大地震之后能够迅速地、正确地判断该地震是否激发海啸，为了减少误判与虚报，特别是"近海海啸"预警的误判与虚报，提高海啸预警的水平，必须加强对海啸物理的研究。

怎样预测海啸灾害

受台风和低气压的影响，海面会掀起巨浪，虽然有时高达数米，但浪幅有限，由数米到数百米，因此冲击岸边的海水量也有限。而海啸就不同，虽然海啸在遥远的海面只有数厘米至数米高，但由于海面隆起的范围大，有时海啸的宽幅达数百千米，这种巨大的"水块"产生的破坏力非常巨大，严重危害岸上的建筑物和人的生命。

海啸发生前是有预兆的，对于个人来说，如果能了解一些海啸来临前的预兆，就能在海啸来临之前就做好充足的准备，最大限度地减少海啸给人类的生命财产安全带来的灾害。

滨海海面出现水墙

在海滨如果突然看到在离海岸不远的海面，海水突然变成了白色，并且在它的前方出现一道"水墙"。这种情况的出现可能是因为地球断层的破裂，并垂直移位数米，将巨浪海水排出海床，把海浪推出数千千米。当形成海啸之后，海啸波已由远海传至近海，而前浪的波速已经减慢，后浪的波速仍然很快，当几浪融合在一起时，使海水陡然增高，就可以引起几米甚至几十米高的巨浪，形成人们常说的一道"水墙"。出现这种情况说明海啸即将登陆，应该马上向高处转移，否则很快就会被巨浪吞没。

海水运动不规律

　　海水的暴涨和暴退现象是由地震导致的，这种现象往往在距震中数百千米以内的沿海都可以看到，一般发生在大地震后的 10～20 分钟。

　　这是因为地震时造成的海底地壳大幅度沉降或隆起，使海水大量聚集所产生。当海水出现这种异常现象时，一般距海啸的时间最短只有几分钟，最长可达几十分钟。生活在海边的居民或者旅游者，当发现这种情况时，不可在退大潮时追逐退却的海浪去拾贝拣鱼蟹等，应迅速远离海岸。

海中鱼类惊扰不宁

　　海啸发生前，许多鱼类在海中感受到异常，纷纷游向海岸。这时渔民会捕捉到比往日多出几倍的鱼，特别是许多深海鱼也游至岸边。这种异常现象也有可能是海啸前兆。

海面上冒出很多气泡，并发出"嗞嗞"的响声

　　当你在海边游玩、嬉戏时，可能会突然发现海水正在"开锅"，海面上冒出许多大大小小的气泡。这种现象预示着海啸即将来临。

海 鸟 惊 飞

　　当众多的海鸟突然从你的头上惊恐飞过，你应该有所警觉，这很有可能是它们受到远海狂浪的惊吓所致，或许它们已提前感受到此海区的异常。

海啸记忆

1896 年日本海啸

1896 年 6 月 15 日大约晚 8 时 30 分，地震引起的海浪（海啸）持续近 8 个小时的地震后，袭击日本的东北海岸，冲击 273 千米长的地带，席卷 160 千米的内陆。估计海啸高度为 9~30 米。28 000 人被淹死、被倒塌的建筑物压死或被时速为 804 千米的大水冲下的碎片刺死。成千上万的住房遭到破坏。沿海有些地方的乡村和城镇都被水冲走。

海啸，是地震或海震引起的海水剧烈动荡的现象，破坏力极大。在日本，时有地震发生。仅 1880 年就发生过 1200 多次地震。在沿海发生的 1.5 万次地震中，只有 124 次引起海啸。但海啸带来的灾难是巨大的，以致日本人谈"啸"色变，尤以 1896 年 6 月 15 日发生的海啸为最。

1896 年 6 月 15 日上午，数万名青年男女集会在海滩轻歌曼舞，庆祝一年一度的"男孩节"。中午，人们感到大地在颤抖，迅速跑开躲避，但日本人对地震习以为常，加之夕阳西下时，那落日的美景引起了人们的欢呼，他们又重聚海滩欢庆节日。大约晚 8 时 20 分，海啸突然间向岸上袭来，5 万多庆祝者猝不及防。人们先是隐隐听到隆隆声，紧接着是一阵令人毛发倒竖的嘶嘶声，山峰般的浪涛以 804 千米的时速、无坚不摧的气势汹涌登陆，数以万计来不及逃命的人被卷进海里。海啸所过之处，万物皆被涤荡一空。

海啸肆虐，其势凶狠不可阻挡，它接连吞没船只，扫平城镇，沿海城市釜石消失在波涛中，6557 名居民被淹死 4700 人，4223 座房屋只残存 143 座。

沿海各个村庄的村民也尽数惨死。在釜石以北 8046 米的福塔志村，700 多名村民中只有 100 名幸存；在托尼村，1200 人中 1103 人丧生；在雅马达村，4200 人中 3000 人遇难。基参地区 6000 人被淹死或被倒塌的房屋压死，一个城镇，11 个村庄被海啸吞噬。在塔祖村有 600 多人死亡，科祖米村 1450 人被海水卷走。

在海啸中也有侥幸活下来的，但听了他们逃生的经历后，你绝对会张口结舌，惊出一身冷汗。他们那些逃生的方式真是千奇百怪，甚至荒唐得令人难以置信。在一个地区，数百人被卷进汹涌澎湃的海水里，又被卷上对面的海滩，他们却都活了下来。有几个人在三里谷海滩被海水吞进，又在一个海岛被波涛吐出，而他们的身上连一点伤都没有。在一个村庄，150 人全部遇难，而该村的几位老人却幸运地活了下来，他们因为在山顶上下棋竟鬼使神差般地躲过了这场灭顶之灾。

许多幸存下来的人是因为被海水卷走前抱住了木板，或者是从倒塌的房屋里捡到了木头。在久地一户人家房屋遭海啸冲击时，父亲让自己的六个孩子各抱一根椽子，但最小的孩子脱椽落水，父亲爱子心切拼命追赶，结果那 5 个孩子都活了下来，而父子二人双双遇难。另一个地方，几十个孩子被父母送上了山，他们光着身子"哇哇"哭喊，父母们又忙着去营救别人的孩子。结果大人都被淹死，山顶留下了数十个孤儿。某镇一老兵手持宝剑、痛苦万状的尸体在离海岸几英里的地方被发现。原来他听到隆隆声，以为外敌从海上入侵，慌忙披挂上阵，却没料到锋利的剑刃抵挡不住排山倒海般的海啸。

就在海岸上声嘶力竭的人群在海啸恶狠狠的摧残中命丧黄泉的时候，上百条渔船在海里正悠闲地航行。据渔民们讲，他们只感到船下有轻微的震动。他们试图靠岸，但巨大的波涛却把他们赶了回来。不久以后，一渔民发现一条很大的"死鱼"飘来，近了才看清是一个活着的孩子浮在木板上，遂将其救起。

这样救出了上百个孩子，其中有个渔民在泡沫包裹的海水里救出了自己的儿子。

海啸袭击过后，风平浪静，不少人忙着从废墟和泥沙中刨挖亲人的尸体。也有的人在海滩漫无目的地走着，举目四望，到处一片狼藉，尸体遍布，有人的、有牲畜的。在一个水坑中，人的尸体被分割成了几块，胳膊、腿、头和身体其他部分混在一块儿，浸在殷红的血水中。有的房屋倒塌，有的相互挤在一起，有的成了废墟一片，仅能从瓦砾上判断出曾是间房子。日本东北沿海273千米的海岸线上只留下了一幕幕惨不忍睹的画面。人们早已神情木然，巨大的悲恸已使他们说不出话来。

1946 年美国夏威夷海啸

1946 年 4 月 1 日 1 时 30 分，在乌尼马克岛东南 145 千米处的北太平洋海底 3.6 千米深处。阿留申海沟北坡的海底滑坡，引起了一场特大海底地震，使夏威夷遭到了空前猛烈的海啸袭击。这次海啸，使 159 人丧生，1400 多家房屋被毁，大片的农作物被冲毁。据估计这次灾害造成了 2600 万美元的损失。

1946 年 4 月 1 日 1 时 30 分，在乌尼马克岛东南 145 千米处的北太平洋海底 3.6 千米深处，阿留申海沟北坡的海底滑坡，引起了一场特大海底地震，这次地震的震中位置为北纬 52.8°，西经 162.5°，震级为 7.4 级。4 月 1 日这天正好是西方传统的愚人节，在这天人们可以任意开各种玩笑而不负任何责任，而正在这一天，由于地震使夏威夷遭到了空前猛烈的海啸袭击，可能正是老天开了一个实实在在的可怕的玩笑。

在乌尼马克岛，地震晃动了苏格兰角灯塔，晃醒了岛上的 5 个海岸警卫队员。27 分钟后，第二次更强烈的地震波冲向阿留申群岛，乌尼马克岛也猛烈地抖动了起来。又过了 12 分钟，更强烈的冲击波向海岛袭来，将全岛的建筑物夷为平地。地壳的猛烈晃动在阿留申群岛海沟中造成一个巨大的陷窟，当这块海底地层塌陷下去时，海水猛地一下子就被吸入了裂口中，由于海水的迅速流动产生了海啸，凶猛的海浪从塌陷的地点开始向外辐射到太平洋上，造成了严重的破坏。无可置疑，位于震中最近的乌尼马克岛便是第一个牺牲品。

在悲剧发生的那个晚上，天空漆黑一片，时速达 116 千米、高 35 米的浪头向乌尼马克岛袭来，在震耳的响声伴随下，水流撞击在灯塔上，把灯塔打个粉碎，海岸警卫队的队员们不得不迅速向高处奔走，当他们回头俯望时，已看不到灯塔的丝毫亮光。整个晚上，警卫队员们都试图用无线电与灯塔进行联系，但都未成功。第二天拂晓，被围困的警卫队员趴在悬崖上向下张望，看到的是一片混乱不堪的景象。在灯塔的位置上只剩下了一堆碎砖头，早上他们在岸上发现了 3 具尸体，而其他人和物品则都杳无踪影。地震海啸又无声无息地向着远离出事地点 3700 千米以外的夏威夷群岛挺进，海啸的速度极快，每小时可达 788 千米，仅仅用了 4 个小时，就到达了瓦胡岛。也许是因为太平洋水域宽广的原因，在太平洋这个地区上航行的船只并没有感觉到在它们船底下迅猛穿过的海啸。4 月 1 日 6—7 时，穷凶极恶的海浪向夏威夷群岛的海岸猛扑过去。在瓦胡岛北端卡韦拉湾旁度假小屋中居住的海洋学专家谢泼德和他的夫人，一清早就被一阵如几十辆火车头喷气的巨响声所吵醒，他立即奔向窗口，发现海水正冲过来，没过了 3~4 米高的岸边石脊。科学家的好奇心胜过了逃命，他抄起照相机就朝门口奔去。可令他失望的是，此时已无浪潮，岸边只留下了一些活蹦乱跳的大小鱼儿。刚拍完两张照片，海浪又向岸边袭来，他看到大事不妙，赶紧拉着妻子就朝后屋较高的地方奔去。刚站稳，就看到原来他们所站的地方已是一片汪洋，屋子方向传来一阵玻璃破碎的声音，家中的电冰箱也被冲进了蔗田。谢泼德心里明白，海啸不会就此善罢甘休，当退潮时，他赶紧带着妻子沿着露出的山脊，穿过蔗田，到达较高的公路上。第六次退潮之后，他决定回家去看看，当他刚到达屋门时，潮水再一次涌来，由于水高浪猛，他已无任何退路可走，只好迅速爬上近处的一棵大树上保全了性命。在公路上他们还遇见了另一对夫妇，他们的经历有如天方夜谭。当时他们正在准备吃早饭，突然间感觉到自己的房子被拔起，整个被冲进了蔗田，当潮水退下时，他们并未受到丝毫的损伤，桌子上的饭菜依然是整整齐齐地摆着，当然他们已被吓得魂飞魄散，早已没有任何食欲了，潮水刚退，他们就拔腿朝公路上跑。

最猛烈的海啸发生在夏威夷岛上，高达 15 米的巨浪冲击着岛屿，损失最惨重的是希洛市周围的地区，95 人被淹死或被飞起的砖石瓦块砸死。4 月 1 日早

晨 7 时，一名叫坎扎基的教师正在朋友家中吃早餐，突然潮水涌来，他急忙抱起了他朋友的两个小女儿，但愤怒的潮水无情地将他们冲走，他只好抱着两个女孩在翻滚的浪中挣扎，不幸其中一个女孩被吞噬在波浪中，最后他和另一个女孩被冲到了邻居的垒球场中，他们周围只剩下了一堆砖瓦木片。这次地震和海啸，使 159 人丧生，1400 多家房屋被毁，大片的农作物被冲毁。据估计这次灾难造成了 2600 万美元的损失。

智利大海啸

传说智利是上帝创造世界后的"最后一块泥巴"，或许正是这个缘故，这里的地壳总是不那么宁静。智利是太平洋板块与南美洲板块相互碰撞的俯冲地带，处在环太平洋火山活动带上。这种特殊的地质结构，使智利处于极不稳定的地表之上。自古以来，这里火山不断喷发，地震连连发生，海啸频频出现，灾难时常降临。1960 年 5 月 21 日凌晨开始，在智利的蒙特港附近的海底，突然发生了世界地震史上罕见的强烈地震。剧烈震动后不久，巨浪呼啸，以摧枯拉朽之势，越过海岸线，越过田野，迅猛地袭击着岸边的城市和村庄，瞬时人们都消失在巨浪中。

震级最高、最强烈的地震

1960 年 5 月 21 日凌晨，在智利的蒙特港附近海底，突然发生了地震。地震刚刚发生时，震动比较轻微，大地只是轻轻地颤动着。但与以往不同的是，地震连续发生，并且震级一次高于一次，震动也一次比一次剧烈。最后，人们感到大地开始剧烈地抖动起来，犹如轻舟在风浪中摇荡一般。仓皇之中，人们东倒西歪，摇摇晃晃地跑到室外，躲到自以为安全之处。此时，地震来势并不凶猛，人们还有时间躲避，因而伤亡人数并不太多。

不断的震荡，使人们产生了不以为然的麻痹情绪。由于地震持续时间较长，而且破坏程度不大，人们不像开始那样惧怕地震，反而觉得没有什么可怕的了，甚至有人搬回了已被震裂的房屋中居住。当然，也有相当一部分人还是心有余悚的。他们害怕还有更大的地震发生，纷纷逃出家园，来到广场、码头和海边的"安全地带"。

直到5月22日19时11分，忽然地声大作，震耳欲聋。地震波像数千辆坦克车隆隆驶来，又如数百架飞机掠空而过，呼啸着从蒙特港的海底传来。不久，大地便剧烈地颤动起来。一会儿，陆地突然出现裂缝；一会儿，部分陆地又突然隆起，好像一个正在翻身的巨人。瞬间，海洋在激烈地翻滚，峡谷在惨厉地呼啸，波涛在汹涌地狂吼，海岸岩石在崩裂，碎石堆满了海滩……

这次地震是有史以来世界上震级最高、最强烈的地震，震级高达8.9级，烈度为11度，影响范围在800千米长的椭圆内。强烈的地震刚刚过去，废墟之旁顿时乱作一团。那些逃过劫难的人们又跑了回来，悲哀地在断墙瓦砾中寻找自己的亲人，希望他们都能幸存下来。原先躲到码头和海边的人们已躲过一劫，但他们不知道，更为惨烈的悲剧又在等着他们。

大震之后的狂涛巨浪

大震之后，海水忽然迅速退落，露出了从来没有见过天日的海底，那些鱼、虾、蟹、贝等海洋动物，在海滩上拼命地挣扎着。此时，刚刚躲过一劫的人们马上意识到，大难即将临头，于是纷纷逃向山顶，或登上搁浅着的大船，以躲避即将发生的新的劫难。

大约15分钟之后，轰隆的海水向着岸边狂奔而来，当时的浪头高达8～9米，最高可达25米。呼啸着的巨浪，以摧枯拉朽之势，越过海岸线，越过田野，迅猛地袭击了智利和太平洋东岸的城市和乡村。那些留在广场、港口、码头和海边的人们顿时被汹涌而至的巨浪吞噬；沿岸的城镇、港口、码头和乡村顷刻之间被波涛汹涌的海浪吞没……

随即，巨浪又迅速退去。所过之处，凡是能够带走的东西，都被潮水席卷而去。海滩上一片狼藉，留下了许多还未被海浪带走的滞留物。浅滩中，漂浮着不少人畜的尸体，门窗残木，船舶遗骸；滩涂上，滞留着许多房屋的木头、床板，以及成包成捆的商品和尸骸。

海潮如此一涨一落，反复震荡，持续了将近几个小时。太平洋东岸的城市，

刚被地震摧毁变成了废墟，此时又频遭海浪的冲刷。那些掩埋于碎石瓦砾之中还没有死亡的人们，却被汹涌而来的海水淹死。在几艘大船上，有数千人在此避难，但随着大船被巨浪击碎或击沉，顿时被浪涛全部吞没，无一人幸免。太平洋沿岸，以蒙特港为中心，南北800千米，几乎被洗劫一空。

这次海啸的影响范围非常之广，海浪以每小时640千米的速度横扫过太平洋。夏威夷群岛沿海浪高10米多，日本沿海地区的浪高也高达6.5米；在东京港和横滨港的码头上以及海边的堤岸上，站满了惊恐的人群。狂涛恶浪扑向相模海湾沿岸的东京、横滨、千叶和横须贺各港口。拥在岸边的人们，看到白色巨浪滚滚而来，纷纷又向陆地狂奔，被践踏致死者不计其数。其中日本就伤亡340人，冲毁房屋3259栋，沉船109艘；在菲律宾群岛附近，由智利海啸波及的巨浪也高达8米左右，沿岸城市和乡村居民遭到了同样的厄运。中国沿海由于受到外围岛屿的保护，受海啸的影响较小。但是，在东海和南海的验潮站，都记录到这次地震海啸引发的汹涌波涛。

为了减轻海啸的灾害，太平洋海啸预警系统相继组建了若干区域或国家的海啸警报中心，包括夏威夷、日本和智利海啸警报中心等，共有26个国家参加。尽管智利有海啸预警系统，但地震引发的大海啸，把智利的康塞普西翁、塔尔卡瓦诺、奇廉等城市摧毁殆尽，造成200多万人无家可归。

印 尼 海 啸

2006年7月17日，印度尼西亚爪哇岛南部的印度洋海域发生强烈地震并引发沿岸部分地区海啸，造成至少668人死亡，1438人受伤，287人失踪。

地震发生后，印尼南部沿海顿时掀起滔天巨浪，3~4米高的海浪冲向陆地最远达2千米。沿岸一批饭店和房屋被毁坏，数百艘船只被冲走。

印度尼西亚某官员18日说，17日强烈地震引发的海啸目前至少已造成300多人死亡，160多人失踪，2.3万人被迫撤离家园。印尼地震监测部门宣布地震为里氏6.8级。中国地震台网测定，地震达7级。位于美国的太平洋海啸预警中心说，地震达7.2级。

受灾最重的西爪哇省尖米士县庞岸达兰地区紧急协调官朱内迪说，该地区至少有 172 人因海啸丧生，另有 85 人失踪。他说，遇难者还包括 1 名巴基斯坦人、1 名瑞典人和 1 名荷兰人，但他没有透露上述 3 人的性别。目前，1500 多名救援人员正在沿着海岸搜寻生还者和遇难者遗体。朱内迪说："由于缺乏大型救援设备，救援工作遇到很多困难。"

一位名叫特蒂的目击者称，海啸发生时她正好在与来自荷兰的游客游玩，她说："海浪突然就涌上来了，我们跑向附近的小山。我这个组有 4 个人仍然下落不明。许多小旅馆被摧毁，帕加达拉海滩前面的旅馆是被冲击的部分，小艇都被冲到了旅馆里。"她说亲眼看到当地居民已经收集到 3 具尸体。

一位目击者称，周围居民的损失非常严重。他说："所有的孩子们在哭喊，很多人受伤。"在海啸灾区，哭泣的父母们疯狂寻找自己的孩子，士兵们还在继续挖掘试图找寻生还者。

庞岸达兰市当局在海滩上建起一个临时停尸房，盖着白色单子的尸体被堆成一堆。村民巴西尔称："我不在意失去我的任何财产，但请真主将我的儿子还给我吧。"

爪哇岛庞加达兰地区紧急情况部门官员朱内迪表示，至少 23 000 人逃离了他们的家园，有些人是因为房屋被海啸摧毁了，有些人则是害怕会有另一次海啸来袭。据路透社报道，在印尼爪哇岛的南部灾区，由于有传言称这里很快将要发生第二次大海啸，灾民们目前正乘坐摩托车以及卡车连夜四处奔逃。灾区到处都是汽车的喇叭声，汽车的前车灯也在黑暗中不停地闪烁。印尼政府官员向灾民们表示，地震灾区没有再次发生大海啸的迹象，根本没有必要过度恐慌。

在另一个灾区，焦虑的幸存者们不断掀开裹尸布辨认寻找在地震以及海啸中失踪的亲人。

在印尼国家电视台播放的电视画面上，一名妇女坐在橡胶园的地上号啕大哭。在她的旁边，摆放着 100 余具死难者的遗体，其中包括多名儿童，他们的身上都覆盖着各种颜色的被单。

海啸来了如何应对

海啸是一种具有强大破坏力、灾难性的海浪，通常由震源在海底下50千米以内、里氏震级6.5以上的海底地震引起。水下或沿岸山崩以及火山爆发也可能引起海啸。在一次震动之后，震荡波在海面上以不断扩大的圆圈形态传播到很远的距离。

海啸在外海时由于水深，波浪起伏较小，不易引起注意，但到达岸边浅水区时，巨大的能量使波浪骤然升高，形成内含极大能量，高达十几米甚至数十米的"水墙"，冲上陆地后所向披靡，往往造成对生命和财产的严重摧残。它对于海岸及船上人员的安全具有严重的威胁，需要及时防范。

海啸知识储备

海啸就是由海底地震、火山爆发、海底滑坡或气象变化产生的破坏性海浪，按起因可分为地震海啸、火山海啸和滑坡海啸。

海啸的波速高达700～800千米/小时，在几小时内就能横过大洋。波长可达数百千米，可以传播几千千米而能量损失很小。在茫茫的大洋里波高不足一米，但当到达海岸浅水地带时，波长减短而波高急剧增高，可达数十米，形成含有巨大能量的"水墙"。海啸主要受海底地形、海岸线几何形状及波浪特性的控制，呼啸的海浪水墙每隔数分钟或数十分钟就重复一次，摧毁堤岸，淹没陆地，夺走生命财产，破坏力极大。

海啸发生有两种形式：一是滨海、岛屿或海湾的海水反常退潮或河流没水，而后海水突然席卷而来冲向陆地；二是海水骤涨，突然形成几十米高的水墙，伴随隆隆巨响涌向滨海陆地，而后海水又骤然退去。

目前，人类对地震、火山、海啸等突如其来的灾变，只能通过预测、观察来预防进而减少它们所造成的损失，但还不能阻止它们的发生。

有些资料提供了最近造成较大规模的海啸。

2004 年 12 月 26 日于印度尼西亚的苏门答腊外海发生芮氏地震 9 级海底地震。海啸袭击斯里兰卡、印度、泰国、印度尼西亚、马来西亚、孟加拉国、马尔代夫、缅甸和非洲东岸等国，造成 30 余万人丧生，准确死亡数字已无法统计，可以参见 2004 年印度洋大地震。

1998 年 7 月两个 7.0 级的海底地震，造成巴布亚新几内亚约 2100 人丧生。

1992 年 9 月尼加拉瓜发生海啸。

1883 年 8 月 25 日荷属东印度群岛上火山爆发，引起的海啸使 36 000 人死亡。

掌握海啸前兆

地面强烈震动

地震海啸发生的最早信号是地面强烈震动，地震波与海啸的到达有一个时间差，能够有利于人们预防。

地震是海啸的"排头兵"，如果感觉到较强的震动，就不要靠近海边、江河的入海口。如果听到有关附近地震的报告，要做好预防海啸的准备，要记住，海啸有时会在地震发生几小时后到达离震源上千千米远的地方。

潮汐突然反常涨落

如果发现潮汐突然反常涨落，海平面显著下降或者有巨浪袭来，并且有大量的水泡冒出，都应以最快速度撤离岸边。

通过氢气球可以听到次声波的隆隆声

海啸一般是由海底地震诱发的，通过氢气球的特殊共振声，可以判断出有没有引发海啸的海底地震波。

我们应该注意，并且认真学习海啸形成和征兆的相关知识，可以教给我们的亲朋好友。因为这是在一定情况下可以救命的知识！

发生海啸后如何应急

海边游客

海啸登陆时海水往往明显升高或降低，如果看到海面后退速度异常快，立刻撤离到内陆地势较高的地方。如果你在海滩或靠近大海的地方感觉到地震，立刻转移到高处，千万别等到海啸警报拉响了才行动。近海地震引发的海啸往往在警报响起前袭来。海啸来临前同样不要停留在同大海相邻的江河附近。

海岸线附近有不少坚固的高层饭店，如果海啸到来时来不及转移到高地，可以暂时到这些建筑的高层躲避。海边低矮的房屋往往经受不住海啸冲击，所以不要在听到警报后躲入此类建筑物。

礁石和某些地形能减缓海啸冲击力，但无论怎样，巨浪对沿海居民构成严重威胁。因此在听到海啸警报后远离低洼地区是最好的求生手段。

如果收到海啸警报，没有感觉到震动也要立即离开海岸，快速到高地等安全处避难。通过收音机或电视等掌握信息，在没有解除海啸警报之前，勿靠近海岸。

外海海底地震引发的海啸让人有足够的时间撤离到高处，而人类有震感的近海地震往往只留给人们几分钟时间疏散。海啸已经造成淹水而来不及避难，必须就近往高处逃生，若不幸浸泡在水里，容易被大型漂浮物撞击而受伤，特别需要加以注意。

不幸落水时，尽量抓住木板等漂浮物，避免与其他硬物碰撞。

在水中不要举手，不要乱挣扎，尽量减少动作，能浮在水面随波漂流即可。这样既可以避免下沉，又能够减少体能的无谓消耗。

如果海水温度偏低时，不要脱衣服。

尽量不要游泳，以防体内热量过快散失。

不要喝海水，海水不仅不能解渴，反而会让人出现幻觉，导致精神失常甚至死亡。

尽可能向其他落水者靠拢，积极互助、相互鼓励，尽力使自己易于被救援者发现。

海水异常退去时往往把鱼虾等许多海生动物留在浅滩。此时千万不能去捡鱼或看热闹，必须迅速离开海岸，转移到内陆高处。

家中居民

接到海啸警报应立即切断电源，关闭燃气，并召集所有家庭成员一起撤离到安全区域，同时听从当地救灾部门的指示。不要因顾及财产损失而丧失逃生时间。海啸来袭时一切以避难为先，不要过于挂念家中贵重物品或自家渔船，海啸第一波与后续第二、三波的间隔可能很长，潮水暂时退去后，不要立即返家或是到港口探视自家渔船。避难时必须要往高处走，必要时，甚至还得进行二次避难，走到更高的地方，因为海啸危害的程度，往往不是靠过去的经验可以判断的，宁可以最坏的打算进行逃生与避难。

出海船只

停在港湾的船舶和航行的海上船只立即驶向深海区，不要停留在港口、回港或靠岸。

海啸抢救措施

人在海水中长时间浸泡，热量散失会造成体温下降。溺水者被救上岸后，最好能放在温水里恢复体温，没有条件时也应尽量裹上被子、毯子、大衣等保温。注意不要采取局部加温或按摩的办法，更不能给落水者饮酒，饮酒只能使热量更快散失。给落水者适当喝一些糖水有好处，可以补充体内的水分和能量。

如果落水者受伤，应采取止血、包扎、固定等急救措施，重伤员则要及时送医院救治。

要记住及时清除落水者鼻腔、口腔和腹内的吸入物。具体方法是将落水者的肚子放在你的大腿上，从后背按压，将海水等吸入物倒出。

如心跳、呼吸停止，则应立即交替进行口对口人工呼吸和心脏按压。